"十三五"职业教育规划教材

钳工基本技能训练

主　编　杨永年

副主编　沈　路　程　钢

参　编　钱　屹　潘群峰　陶哲峰　奚彩琴

主　审　虞行国

机械工业出版社

本书是根据教育部新颁布的《中等职业学校机电技术应用专业教学标准（试行）》编写的。

全书共分五个项目，包括熟悉钳工、90°V形铁制作、台虎钳制作、典型机械设备拆装和曲柄折弯机制作。通过五个项目，将钳工的划线、錾削、锯削、锉削、钻孔、扩孔、锪孔、铰孔、攻螺纹、套螺纹、矫正与弯形、铆接、刮削、研磨、机械装配与调试等知识与技能进行了重新编排。项目结合了企业工作实际，十分关注生产安全与环保等。

本书可作为中等职业学校机电设备类、机械制造类专业教学用书，也可供在职培训、自学使用。

本书配有免费电子教案，凡选用本书作为教材的学校，可登录网站www.cmpedu.com 免费注册、下载。本书数字化资源通过扫描封底立体书城 APP 二维码下载 APP 应用后，进行扫码呈现。

图书在版编目（CIP）数据

钳工基本技能训练/杨永年主编. —北京：机械工业出版社，2016.1
（2019.6 重印）
"十三五"职业教育规划教材
ISBN 978-7-111-52594-3

Ⅰ.①钳… Ⅱ.①杨… Ⅲ.①钳工-高等职业教育-教材 Ⅳ.①TG9

中国版本图书馆 CIP 数据核字（2015）第 308265 号

机械工业出版社（北京市百万庄大街 22 号 邮政编码 100037）
策划编辑：高 倩 责任编辑：高 倩 杨 璇 版式设计：霍永明
责任校对：张 薇 封面设计：陈 沛 责任印制：乔 宇
北京中兴印刷有限公司印刷
2019 年 6 月第 1 版第 2 次印刷
184mm×260mm·10 印张·243 千字
2501—3500 册
标准书号：ISBN 978-7-111-52594-3
定价：25.00 元

本书遵循学生的认知规律，充分借鉴德国"双元制"职业教育相关教材的先进理念，坚持"校企合作、工学结合"的人才培养模式要求，针对职业学校机电设备类、机械制造类、模具制造技术等专业的发展而编写。全书吸收企业对员工要求的诸多元素，强调了学习的主体性、内容的兴趣性、职业素养的规范性，重构了知识体系，简化了烦锁的内容，增加了一些实用性知识。本书具有以下特点。

第一，重视兴趣性与实践性。结合技能考试要求和学生操作兴趣，选择了 V 形铁、台虎钳、曲柄折弯机等作为项目对象，旨在提高学生的学习和操作兴趣，同时坚持以实践应用为主，提供了一些必备的理论知识储备，突出了企业实践能力要求，增加了弯形、刮削、研磨、铆接等内容，以满足企业对技能型人才的需要。

第二，重视学习的规律性和主体性。从学生的基础能力出发，贯彻"由易到难""少讲精炼"和"循序渐进"的原则，合理安排理论知识和技能操作，体现了"教、学、做"有机结合的职业教育特色，同时充分发挥学生的主动性，让学生在学习和实践中发现问题、解决问题。

第三，重视低碳性和安全性。在项目的设计上，注重前后任务的衔接，在培养和提高学生基本技能的同时，多次利用已做零件，降低了实训耗材。同时，每个任务都增加了安全提醒、低碳环保提示，促进了学生环保意识、安全意识的养成，提高了学生的职业素养。第四，在设计项目的任务要求、作业条件，任务评价等环节时，参考了国家职业标准，力求通过本书五个项目的技能操作练习，达到国家职业标准中级钳工技能操作的考核要求。

本书共分五个项目，由常州市教育科学研究院杨永年担任主编，常州申孚工业自动化设备有限公司沈路、武进技师学院程钢担任副主编，武进技师学院钱屹、潘群峰、陶哲峰、奚彩琴参与了教材的编写。全书由江苏兴业机电设备有限公司虞行国总工程师主审。

本书建议教学时数为 58 学时（不包括选学内容）。学时分配如下：

项　目	内　　容	学时（分配）	备　　注
项目一	熟悉钳工	6(1＋2＋2＋1)	
项目二	90°V 形铁制作	21(2＋10＋6＋3*)	任务四为选学任务
项目三	台虎钳制作	18(6＋6＋2＋1＋2＋1)	
项目四	典型机械设备装配	12(3*＋3*＋6*)	本项目为选学项目
项目五	典柄折弯机制作	16(4＋4＋4＋2＋2)	

由于编者水平有限，书中不妥之处在所难免，恳请读者批评指正。

编　者

目　录

项目一

熟悉钳工

【任务布置】

工具准备：一字螺钉旋具、十字螺钉旋具。

量具准备：游标万能角度尺、千分尺（图1-1）。

任务要求：准确进行游标万能角度尺和千分尺的拆装。

学时：1。

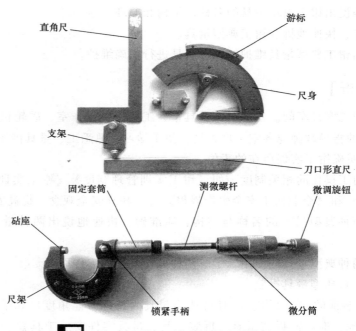

图1-1　游标万能角度尺和千分尺

【任务评价】

钳工典型量具拆装评分标准，见表1-1。

表 1-1　钳工典型量具拆装评分标准

项目	序号	要求	配分	评分标准	自评	互评	教师评分
游标万能角度尺	1	1min 内拆、装	10	超过 1min 扣 2 分			
	2	零件安放有序	5	有 1 个零件在盒外扣 2 分			
	3	零件不缺少	10	缺 1 个零件扣 5 分			
	4	量具不损坏	10	损坏量具不得分			
	5	保养到位	5	不保养不得分			
	6	按随机角度拼装	10	超过 1min 扣 5 分			
千分尺	7	1min 内拆、装	10	超过 1min 扣 2 分			
	8	零件安放有序	5	有 1 个零件在盒外扣 2 分			
	9	零件不缺少	10	缺 1 个零件扣 5 分			
	10	量具不损坏	10	损坏量具不得分			
	11	保养到位	5	不保养不得分			
	12	按随机长度调整	10	超过 1min 扣 5 分			
总分				100			

【任务目标】

1）能正确说出钳工典型量具的名称、结构和原理。

2）能正确、快速地拆装钳工典型量具。

3）能运用钳工典型量具维护知识对量具进行正确维护。

【任务分析】

1）熟悉钳工实训车间。参观钳工量具室、工具室、操作室、砂轮机室等，确定各室位置；认识相关的指导教师与各室工作人员，便于学习；熟悉工、量具借还流程，知道如何借还工、量具；明确钳工实训所在的工位。

2）学习钳工操作的相关制度，如《钳工实训管理制度》《钳工实训一日常规》《钳工实训操作规范》和《企业钳工安全生产规程》等，树立安全观念，提高安全意识。

3）熟悉两种典型量具的名称与结构，能准确、快速地说出两种量具的名称与各零件名称。

4）观察两种典型量具的使用，了解两种典型量具的工作原理。

5）正确进行典型量具拆装。

① 做好拆装前的准备工作。本任务所需量具为游标万能角度尺和千分尺，熟悉两种量具的结构与原理，准备需拆装量具、拆装工具、量具零件安放工具盒、量具保养所需物品等。本任务所需拆装工具为一字螺钉旋具和十字螺钉旋具。

② 明确拆装先后顺序。安装顺序一般与拆卸顺序相反，确定正确的拆装顺序有利于提高拆装效率。拆卸游标万能角度尺时，一般用手先旋动直角尺与刀口形直尺连接支架上的螺钉，松开支架连接，取出直角尺，然后用同样方法分离直角尺与尺身。拆卸千分尺时，先用

一字螺钉旋具或十字螺钉旋具松开千分尺尾部螺钉，依次取出微调旋钮等零件。

③ 拆卸时，零件要分类放置。部分量具零件细小，容易掉落遗失，应分类放置在准备好的工具盒内，便于量具的安装。

④ 拆卸时，要有一定的防护措施。部分量具零件容易飞出，应有相应防护措施，以防零件飞出后找不到。如拆卸千分尺尾部螺钉时，应注意内部弹簧弹出。

⑤ 建议先拆装游标万能角度尺，后拆装千分尺，不要同时进行拆装，以免零件错乱。

6）安装时，要保证安装零件的清洁。灰层或细微杂物会影响安装精度，因此安装环境要保持清洁无灰尘。安装结束后还要按要求进行涂油防锈保养。

7）建议以小组为单位进行拆装计时比赛。

【安全提醒】

1）初次进入钳工实训车间，首先要熟悉钳工操作规程和文明生产要求。

2）对于不熟悉的设备，必须在教师指导下操作，严禁在无教师指导下操作台式钻床和砂轮机等设备。

3）拆装过程中，要防止弹簧类零件飞出，以免造成眼睛或其他身体部位伤害。

【低碳环保提示】

1）初次进入实训车间，应根据教师安排明确卫生责任区域，保持区域卫生与室内公共卫生，按要求进行室内卫生清洁。

2）实训任务完成后，应对量具以及设备进行保养与维护，涂上专用防锈油或防锈油脂。油液、油脂要统一存放与使用。

【知识储备】

世界上任何一台机器都是由各种各样的零件组成的。一部分零件可以通过精密铸造或冷挤压等方法制造，一部分零件可以通过金属切削加工方法制造。随着科技的发展，有些零件甚至可以通过3D打印技术制造。但就目前而言，通常是经过铸造、锻造、焊接等加工方法先制成毛坯，然后再经过钳、车、铣、刨、磨、热处理等加工成零件，最后再装配成机器。

金属的切削加工过程是通过机床或手持工具来进行的，其主要方法有车、铣、刨、磨、钻、镗、齿轮加工等。根据其加工方法可分为若干工种，如车工、钳工、铣工、刨工、磨工、热处理工等。很显然，钳工是机械制造业中不可缺少的工种。

一、认识钳工

钳工通常是指用一些手用工具及一些专用设备，按技术要求对工件进行加工制作以及对机器进行装配、调试和修理的工种，因常在钳工工作台上用台虎钳夹持工件操作而得名。随着各种机床的发展与普及，大部分钳工操作逐步被其他工种所代替，但由于钳工特有的加工特点，在一些场合钳工操作仍然是不可替代的、最为经济适用的，如刮削、研磨、机械装配等钳工操作还不能完全被机械化设备所替代。特别在单件小批量生产、修配工作以及缺乏设备的情况下，钳工会展现出其独特的优势。

钳工是其他工种的基础。实际操作时，对钳工的技术要求较高，操作者的技能水平直接影响产品的质量。

1. 钳工的主要工作任务与操作内容

（1）钳工的主要工作任务

1）加工零件。其他加工方法不适宜或不能加工时，通常由钳工来完成。

2）装配。按设备要求对零件进行组合，或对已组合成的组件、部件进行组合，不断通过调整、检验和试车，使组合的设备达到规定的要求。

3）设备维护与维修。对设备在使用过程中产生的故障，或者因设备磨损而产生的精度降低进行维护和维修。

4）其他制造与修理。对各种夹具、模具、量具、工具及相关专用设备进行制造和修理。

（2）钳工的主要操作内容　钳工的主要工作任务决定了钳工的主要操作内容。钳工的主要操作内容有划线、錾削、锯削、锉削、钻孔、扩孔、锪孔、铰孔、攻螺纹、套螺纹、矫正与弯形、铆接、刮削、研磨、机械装配与调试、设备检测、设备维修等。

2. 钳工种类

目前，我国已颁布的《国家职业标准》将钳工主要分为三类：装配钳工、机修钳工和工具钳工。

装配钳工：主要从事机器或部件的装配和调整工作以及一些零件的制作工作。

机修钳工：主要从事各种机械设备的安装、调试与维修工作。

工具钳工：主要从事模具、工具、量具及样板的制造和修理工作。

3. 钳工工作场地

钳工工作场地主要为钳工车间，对于学校而言，通常称为钳工实训室。钳工工作场地的主要设备为钳工工作台，也称钳台或钳桌，是钳工专用的工作台。台面上装有台虎钳和安全网，可以放置平板、钳工工具、量具、工件和图样等，如图1-2所示。

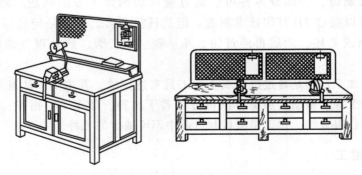

图1-2　钳工工作台

钳工工作台一般为木制材料或钢制材料，其高度一般为750～900mm，长度和宽度可根据需要而定。钳工工作台一般要求一面必须紧靠墙壁，人站在另一面工作，保证工作的安全性。装上台虎钳后，一般多以钳口高度恰好等于人的手肘高度为宜。通常，常用的工具平行摆放于钳工工作台的右边，不常用的工具放于钳工工作台的左边或柜子里，量具置于量具盒盖上并放在钳工工作台中间，不重叠放置，相互间留有间隙，便于加工与测量。

二、认识量具

零件或产品的质量是否符合要求，通常是依靠量具测量而确定的。了解量具结构，熟悉其工作原理并能熟练使用量具，是每一个钳工必备的技能。

1. 量具的分类

量具的种类很多，根据其用途与特点，可分为万能量具、专用量具和标准量具。

（1）万能量具　这类量具一般都有刻度，在测量范围内可以测量零件和产品的形状尺寸的具体数值。如游标卡尺、高度游标卡尺、千分尺、游标万能角度尺和百分表等，见表1-2。

（2）专用量具　这类量具没有刻度，不能测量出实际尺寸，只能测定零件和产品的形状及尺寸是否合格，如半径样板（R规）、塞尺、卡规、塞规等，见表1-3。

（3）标准量具　这类量具一般没有刻度，只是制成某一固定尺寸，通常用来校对和调整其他量具，也可作为标准与被测量件进行比较，如量块等，见表1-4。

表1-2　万能量具

名称	使用场合	实物图片
游标卡尺	中等精度量具，可测外径、内径、长度、宽度、深度和孔距等尺寸	
高度游标卡尺	中等精度量具，用来划线或测量高度	
千分尺	精密量具，用于测量精度较高的尺寸，可测外径、长度、宽度等尺寸	

（续）

名称	使用场合	实物图片
游标万能角度尺	用来测量 0°～320° 的外角和 40°～130° 内角	
百分表	精密量具,一般用于测量直线度、平面度、同轴度、平行度、跳动等,以及用于量具、量仪的检验校正,精密划线和精密机床调整等	

表 1-3 专用量具

名称	使用场合	实物图片
半径样板（尺规）	用来检验内、外圆弧是否合格	
塞尺	用来检验两结合面之间的间隙大小或判断其是否合格	
卡规	用来检验轴的形状与尺寸是否合格	

（续）

名称	使用场合	实物图片
塞规	用来检验孔的形状与尺寸是否合格	

表 1-4　标准量具

名称	使用场合	实物图片
量块	用来校对和调整其他量具	

2. 量具使用前准备

1）清除工件测量面飞边、油污或渣屑等。

2）用精洁软布或无尘纸将量具擦拭干净；易损量具应以软绒布或软擦拭纸垫于工作台上，用来保护量具。

3）应确认量具是否合格，检查量具测量面有无锈蚀、磨损或刮伤等现象，不合格应重新校正或进行更换。

4）将待使用量具整齐有序排列摆放，不可重叠放置。

3. 量具使用后保养

1）量具使用后，应擦拭清洁。

2）将清洁后的量具涂上防锈油，存放于相应的量具盒和量具柜内。

3）量具拆卸、调整、维修及装配等，一般应由专门人员管理和实施。

4）定期对量具进行检验，并记录检验的结果，作为继续使用或淘汰量具的依据。

5）定期检查和保养储存量具。

三、钳工安全文明生产基本要求

安全文明生产是指确保劳动者在生产经营活动中的人身安全、健康和财产安全，在工作中养成良好的文明生产习惯。严格遵守安全文明生产的操作规程，是顺利完成工作的保障。钳工实训时应遵守以下基本要求。

1）实训前必须预习实训指导书，了解实训项目的内容及其注意事项。

2）按规定时间进入指定实训室，不得无故迟到、早退、旷课。

3）进入实训室后应注意安全、卫生，不喧哗打闹、不抽烟、不乱写乱画、不乱扔纸屑、不随地吐痰、不擅自动用仪器设备。

4）严格按照操作规程、操作步骤操作仪器设备，以防导致仪器设备损坏。若仪器设备发生故障，应立即向教师报告，待故障排除后方能继续操作。

5）实训结束后，应将仪器设备擦拭干净，摆放整齐。整理工、量具，将其放入相应的工具柜和量具柜，做好个人场地的清洁卫生工作，值日人员按要求完成值日工作。

6）不经指导教师允许，不得将实训室的工具、量具、仪器、材料及加工零件等物品带出实训室。

7）不得无故进入非自己实训的实训室，也不得把无关人员带进自己的实训室。

8）实训结束后，应做好实训项目的总结工作，独立完成实训小结报告。

【拓展阅读】

7S 管理

7S 是由原 5S 演变而来的。5S 起源于日本，是指在生产现场对人员、机器、材料、方法、信息等生产要素进行有效管理。目前，很多规模型企业都采用了 7S 管理，国内部分职业学校实训车间也尝试采用 7S 管理，以达到学校实训管理与企业管理的深度融合。

7S 就是以下七个名称的第一字母的组合，即整理（Seiri）、整顿（Seiton）、清扫（Seiso）、清洁（Seiketsu）、素养（Shitsuke）、安全（Safety）、节约（Save）。

整理（Seiri）：增加作业面积，使物流畅通、防止误用等。

整顿（Seiton）：工作场所整洁明了，一目了然，减少取放物品的时间，提高工作效率，保持井井有条的工作秩序区。

清扫（Seiso）：清除现场内的脏污、清除作业区域的物料垃圾。

清洁（Seiketsu）：使整理、整顿和清扫工作成为一种惯例和制度，是标准化的基础，也是一个企业形成企业文化的开始。

素养（Shitsuke）：让员工成为一个遵守规章制度，并具有良好工作习惯的人。

安全（Safety）：保障员工的人身安全，保证生产的连续安全正常进行，同时减少因安全事故而带来的经济损失。

节约（Save）：就是对时间、空间、能源等方面进行合理利用，以发挥它们的最大效能，从而创造一个高效率的、物尽其用的工作场所。

通过 7S 管理使得企业达到八个"零"：亏损为零（7S 为最佳的推销员）；不良为零（7S 是品质零缺陷的护航者）；浪费为零（7S 是节约能手）；故障为零（7S 是交货期的保证）；切换产品时间为零（7S 是高效率的前提）；事故为零（7S 是安全的软件设备）；投诉为零（7S 是标准化的推动者）；缺勤率为零（7S 可以创造出快乐的工作岗位）。

【巩固小结】

通过本任务的实施，熟知钳工的主要工作任务、操作内容以及钳工的分类，熟悉钳工实训的基本要求以及相关的规章制度，能够准确识别典型量具，熟悉典型量具的零部件名称及其结构，掌握典型量具的工作原理，并学会对典型量具进行保养。

一、填空题

1. 钳工的主要工作任务有_____、_____、_____、_____。

2. 按照《国家职业标准》，钳工主要分为三类：_____、_____和_____。

3. 量具的种类很多，根据其用途与特点，可分为_____、_____和_____。

4. 塞尺是用来检验两个结合面之间_____的片状量规。

二、判断题

1. 标准量具一般都有刻度，用来校对和调整其他量具。　　　　　　　　　　（　　）

2. 量块属于专用量具。　　　　　　　　　　　　　　　　　　　　　　　（　　）

3. 高空作业可上下投递工具或零件。　　　　　　　　　　　　　　　　　（　　）

三、选择题

1. 以下属于专用量具的是（　　　）。

A. 千分尺　　　　B. 游标万能角度尺　　　C. 卡规　　　D. 百分表

2. 下列不属于钳工操作内容的是（　　　）。

A. 锉削　　　　　B. 锯削　　　　　　　C. 钻孔　　　D. 磨削

3. 用卡规检测轴是否合格时，通规通过而止规不通过，则此轴是（　　　）。

A. 合格的　　　　B. 不合格的　　　　　C. 可能合格

四、简答题

1. 简述千分尺的拆装过程。

2. 钳工操作的基本内容有哪些？

任务二　钳工常用量具识读与使用

【任务布置】

量具准备：游标卡尺、游标万能角度尺、千分尺等。

备料：已加工工件（图1-3）。

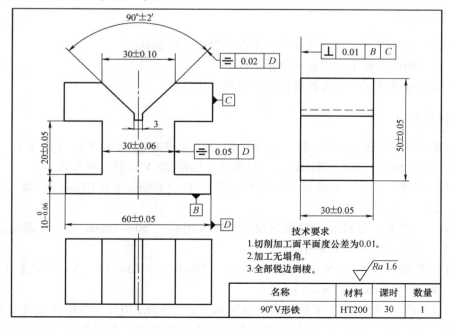

技术要求

1. 切削加工面平面度公差为0.01。
2. 加工无塌角。
3. 全部锐边倒棱。

$\sqrt{Ra\ 1.6}$

名称	材料	课时	数量
90°V形铁	HT200	30	1

图1-3　90°V形铁

任务要求：准确测量工件各尺寸。

学时：2。

【任务评价】

钳工常用量具识读与使用评分标准，见表1-5。

表1-5　钳工常用量具识读与使用评分标准

项目	序号	要求	配分	自测数据	互测数据	教师评分
测量项目	1	60mm ± 0.05mm	5			
	2	50mm ± 0.05mm	5			
	3	30mm ± 0.05mm	5			
	4	30mm ± 0.06mm	10			
	5	30mm ± 0.10mm	5			
	6	20mm ± 0.05mm	5			
	7	$10_{-0.06}^{0}$mm	5			
	8	90° ± 2′	10			
	9	3mm	5			
	10	⚌ | 0.05 | D	10			
	11	⚌ | 0.02 | D	10			
	12	⊥ | 0.01 | B | C	10			
其他	13	文明生产	10			
	14	环境卫生	5			
总分			100			

【任务目标】

1）能够根据工件尺寸和形状要求正确选用钳工常用量具。

2）能够正确使用钳工常用量具测量工件。

3）能够通过测量工件正确进行钳工常用量具读数。

【任务分析】

1）选择量具。根据图样要求、实物和评分标准选择量具如下：游标卡尺、千分尺（0～25mm、25～50mm、50～75mm）、刀口角尺、标准90°V形铁，塞尺等。

2）测量外形尺寸。选择适当千分尺测量长（60mm ± 0.05mm）、宽（30mm ± 0.05mm）、高（50mm ± 0.05mm）。

在测量前，先对千分尺进行检测与校准，25～50mm、50～75mm千分尺需通过标准样柱进行校准，确保千分尺的测量精度。

3）测量槽宽。选择游标卡尺测量槽高（20mm ± 0.05mm）、V形槽宽（30mm ± 0.10mm）、宽度（30mm ± 0.06mm）。

4）测量角度。因为90°V形铁是指内角为90°（外角为270°）。游标万能角度尺测量范围通常是指外角，所以采用50°～140°测量范围是无法测量的，必须选用230°～320°测量范围方可测量。

5）测量垂直度。$\perp\ \boxed{0.01}\ \boxed{B}\ \boxed{C}$ 的测量，分别以 B、C 为测量垂直度的基准面，采用 90°刀口角尺与塞尺结合进行测量。

6）测量对称度。$\equiv\ \boxed{0.02}\ \boxed{D}$ 的测量是用标准 90°V 形铁作为辅助测量工具结合千分尺进行测量，如图 1-4 所示，将测量件旋转 180°将测量出的两处尺寸差在 0.02mm 内，说明对称度符合要求。

$\equiv\ \boxed{0.05}\ \boxed{D}$ 的测量是用刀口角尺作为辅助测量工具结合游标卡尺进行测量，如图 1-5 所示，将测量件旋转 180°测量出的两处尺寸差在 0.05mm 内，说明对称度符合要求。

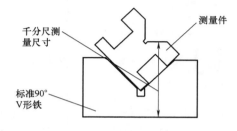

图 1-4　V 形槽对称度的测量

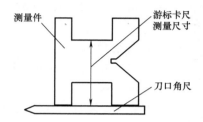

图 1-5　侧槽对称度的测量

7）其他尺寸的测量。根据图样要求，对工件其余尺寸进行测量，如选择游标卡尺测量尺寸 3mm，选择 0 ~ 25mm 千分尺测量尺寸 $10^{\ 0}_{-0.06}$mm。

8）测量说明。测量后量具要分类放置，不得推放或叠放，且不得作为工具使用，并避免与工件发生碰撞，损坏量具。使用塞尺时，应避免强制性塞入，以免塞尺变形。

图样相关数值只是参考数值，不一定与实际工件尺寸相吻合，应以实际测量的数值为准。

【安全提醒】

1）90°V 形铁较重，在测量时，应将其放置在平台中央部位，以防掉落砸伤人。

2）游标万能角度尺中的直角尺一端较为锋利，要避免手指被划伤。

3）塞尺片较薄，要安全使用，以免划伤手指。

【低碳环保提示】

1）不要把量块放在蓝图上，因为蓝图表面有残留化学物，会使量块生锈。

2）使用各量具的过程中，会用到防锈油、汽油等化学溶剂，要做好相关物品的使用和保存工作，以免发生泄漏、残留、发生化学反应等问题，对工作环境造成影响。

【知识储备】

一、游标卡尺（1/50mm）

1. 分度值与测量范围

游标卡尺（1/50mm）的分度值为 0.02mm，测量范围有 0 ~ 125mm、0 ~ 200mm、0 ~ 300mm 等规格。

2. 读数方法

1/50mm 游标卡尺尺身上每一小格是 1mm，游标上每一小格是 0.02mm。

1）读出游标上零线左边尺身上的毫米整数；

2）读出游标上与尺身刻线对齐的刻线代表的尺寸；

3）尺身和游标上的尺寸加起来即为测量尺寸，如图 1-6 所示。

高度游标卡尺尺身上每一小格是 1mm，游标上的每一小格是 0.02mm，读数方法与游标卡尺相同。

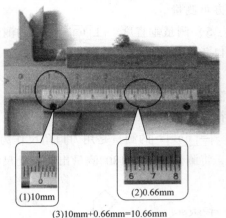

(1)10mm   (2)0.66mm

(3)10mm+0.66mm=10.66mm

图 1-6　游标卡尺的读数方法

3. 选择与使用

游标卡尺一般用于测量精度要求不高的尺寸，一般不用于测量铸件毛坯、锻件毛坯。

使用前要检查测量爪与测量刃口是否平直无损；两测量爪贴合时是否漏光；尺身与游标零线是否对齐等。用游标卡尺测量外尺寸的方法如图 1-7 所示，测量沟槽宽度尺寸的方法如图 1-8 所示，测量内孔尺寸的方法如图 1-9 所示。

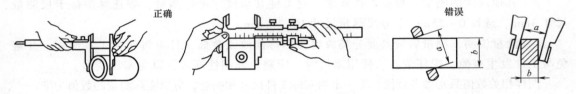

图 1-7　用游标卡尺测量外尺寸的方法

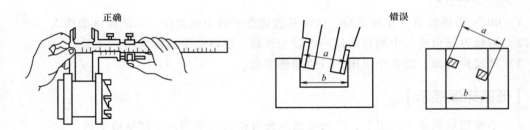

图 1-8　用游标卡尺测量沟槽宽度尺寸的方法

二、游标万能角度尺（2′）

1. 分度值与测量范围

游标万能角度尺（2′）的分度值为 2′，测量范围为 0~320°。

2. 读数方法

游标万能角度尺尺身上每一小格是 1°，游标上的每一小格是 2′，读数方法与游标卡尺基本相同，如图 1-10 所示。

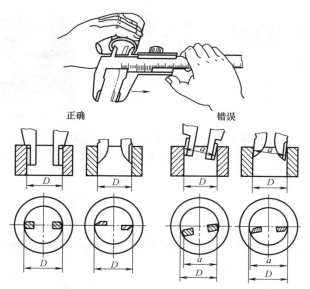

图 1-9　用游标卡尺测量内孔尺寸的方法

3. 选择与使用

测量时，要根据工件的角度要求选择合适的组合方式，如图 1-11 所示。

测量前要检查角度尺是否有缺损，基尺与直角尺贴合时是否漏光，尺身与游标零线是否对齐。测量时，工件与游标万能角度尺的两个测量面在全长上应接触良好，如图 1-12 所示。

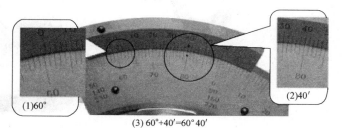

图 1-10　游标万能角度尺的读数方法

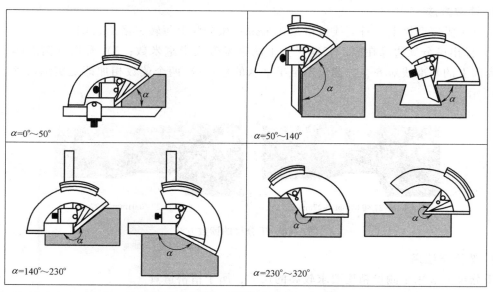

图 1-11　游标万能角度尺的组合测量

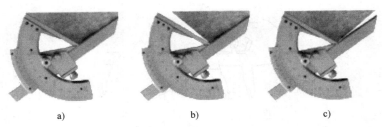

a) b) c)

图 1-12 游标万能角度尺的使用方法

a）正确 b）错误 c）错误

三、千分尺

1. 分度值与测量范围

千分尺的分度值为 0.01mm，测量范围有 0 ~ 25mm、25 ~ 50mm、50 ~ 75mm、75 ~ 100mm 和 100 ~ 125mm 等规格，如图 1-13 所示。

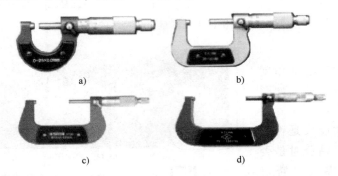

a)   b)

c)   d)

图 1-13 各种规格的千分尺

a）0 ~ 25mm b）25 ~ 50mm c）50 ~ 75mm d）75 ~ 100mm

2. 读数方法

千分尺固定套筒上尺身刻线每格是 0.5mm；微分筒上每转一格是 0.01mm。

1）读出微分筒边缘在固定套筒尺身上的毫米数或半毫米数；2）看微分筒上哪一格与固定套筒上的基准线对齐，并读出不足半毫米的数；3）两个读数相加即是实测尺寸，如图 1-14 所示。

8mm+27×0.01mm=8.27mm   8.5mm+27×0.01mm=8.77mm

图 1-14 千分尺的读数方法

3. 选择与使用

千分尺一般用于测量精度要求较高的尺寸，属于精密量具。

测量前要检查砧座与测微螺杆贴合时，微分筒零刻度线是否与固定套筒上的基准线对齐，且与固定套筒上零刻度线对齐；测量面是否干净等。测量时，千分尺要放正，可采用单手测量或双手测量，如图 1-15 所示。当测量面接近工件时，改用微调旋钮，转动中的工件不能测量。

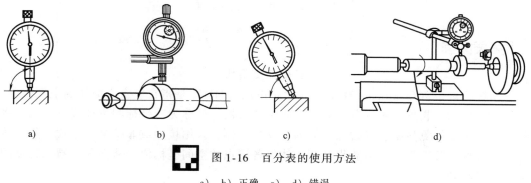

单手测量　　　　双手测量

图 1-15　千分尺的使用方法

四、百分表

1. 分度值与测量范围

百分表的分度值为 0.01mm，测量范围有 0~3mm、0~5mm、0~10mm 等规格。

2. 读数方法

长指针每转一格是 0.01mm，短指针每转一格是 1mm。

1）对长指针进行调零；

2）读出长指针所走过的格数（每格是 0.01mm），读出短指针所走过的格数（每格是 1mm）；

3）两个读数相加即是实测尺寸。

有时，只需要读取指针摆动的最大范围，用来表示平面度、直线度等误差的大小。

3. 选择与使用

百分表一般与表座组合使用，通常用来测量工件的尺寸和形状、位置误差等，可根据不同的测量需要选择不同规格的百分表。

使用前要检查测量杆活动的灵活性，轻轻推动测量杆时，没有轧卡现象，且每次放松后，指针能回到原来的刻度位置。测量时，测量杆的行程不能超过它的测量范围，齿杆的升降范围不宜太大，并使测量杆有一定的初始测力，更不能让测量头突然撞在工件上，使百分表受到剧烈振动。

测量平面或圆柱形工件时，百分表的测量头应与平面垂直或与圆柱形工件的中心线垂直，不能测量高速转动中的工件，如图 1-16 所示；可以利用百分表与量块组合对工件进行找正或测量，如图 1-17 所示。

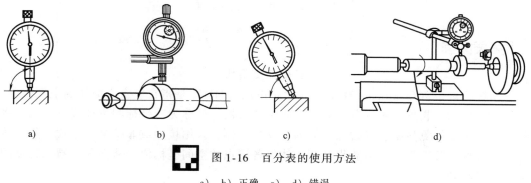

a)　　　　　　b)　　　　　　c)　　　　　　d)

图 1-16　百分表的使用方法

a）、b）正确　c）、d）错误

五、量块

1. 测量精度与组合

量块的测量精度一般为 0.005mm。每套量块一般有 87 块或 42 块。量块组合使用时，为减少积累误差，应选用最少块数组合，一般块数不超过 4 ~ 5 块。

2. 读数方法

将所有量块所示数值相加即可。

3. 选择与使用

量块的精度等级分为 00 级、0 级、1 级、2级和 3 级。0 级量块的精度最高，仅用于计量单位作为检定或校准精密仪器使用。3 级量块的精度最低，一般作为企业计量站使用。

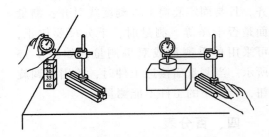

图 1-17 用百分表与量块组合测量工件

使用前，应检查量块的块数是否缺少，是否有生锈、粘接现象。可在汽油中洗去防锈油，并用清洁的麂皮或软绸擦拭干净；禁止用绵纱头擦拭工作面。清洗后的量块不能用手拿，应用麂皮或软绸衬起来拿，将量块放在工作台上时，应使量块的非工作面与工作台面接触。

使用时，量块的工作面与非工作面不能推合，以免擦伤测量面。

量块使用后，应及时用汽油进行清洗，干净后揩干并涂上防锈油，放回盒中。若量块需要经常使用，洗净后可不涂防锈油，直接放在干燥缸内保存。

为了扩大量块的应用范围，便于各种测量工作，可采用成套的量块附件，如图 1-18 所示。

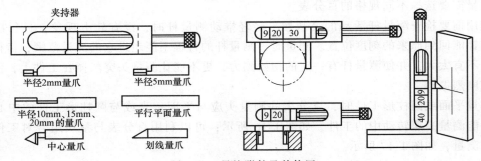

图 1-18 量块附件及其使用

【拓展阅读】

三坐标测量机

三坐标测量机（Coordinate Measuring Machine，CMM）是指在一个六面体的空间范围内，能够对几何形状、长度及圆周分度等进行测量的仪器，又称为三坐标测量仪或三次元。将被测物体置于三坐标测量机，通过三个方向移动探测器，采用接触或非接触等方式采集和传送信号，经数据处理器等计算可获得被测物体上各测点的空间坐标值，从而求出被测物体的几何尺寸、形状和位置。

世界上第一台三坐标测量机是英国的 FERRANTI 公司于 20 世纪 50 年代末研制成功的。常见的三坐标测量机有移动桥式三坐标测量机、龙门式三坐标测量机、固定桥式三坐标测量机、水平悬臂式三坐标测量机和镗床式三坐标测量机等，如图 1-19 所示。

三坐标测量机由六大部分组成：机械主体部分（工作台、主立柱、副立柱、横梁、中央滑架、Z 轴）；传动部分（驱动电动机、同步传动轮、同步带）；光栅读数头部分（光栅、

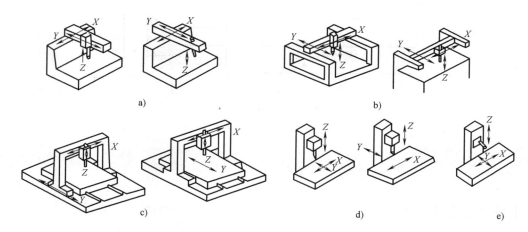

图 1-19　三坐标测量机

a）水平悬臂式　b）固定桥式　c）龙门式　d）立式镗床式　e）卧式镗床式

读数头）；控制系统部分（控制器、驱动器）；测头采集数据部分（测头座、测头、测针）；软件部分（软件安装包、加密狗、授权码）等。

三坐标测量机主要用于机械、汽车、航空、军工、家具、工具原型等中小型配件的测量，也可用于模具等行业中的箱体、机架、齿轮、凸轮、蜗轮、蜗杆、叶片等的测量，还可用于电子、五金、塑胶等行业。通过对工件的尺寸、几何公差进行精密检测，从而完成工件检测、外形测量、过程控制、逆向工程等任务。

【巩固小结】

通过本任务的实施，熟悉常用量具的分度值、测量范围、应用场合等，能够准确选用量具，正确使用量具，进行精确读数，为后续零件加工奠定测量基础。

一、填空题

1. 1/50mm 游标卡尺，尺身每小格长度是_____mm。当两测量爪合并时，游标上的 50 格刚好与尺身上的_____mm 对正。

2. 游标万能角度尺是用来测量工件_____的量具，其测量范围为_____。

3. 千分尺固定套筒上尺身刻线每格是_____mm，微分筒上每转一格是_____mm。

二、判断题

1. 游标卡尺可测量精度要求较高的工件，但不能测量铸锻件毛坯尺寸。（　　）

2. 量块的工作面是一对相互垂直而且微观直线度误差极小的平面。（　　）

三、选择题

1. 用游标万能角度尺测量时，如果测量角度大于 90°小于 180°，读数时应加上一个（　　）。

A. 90°　　　　B. 180°　　　　C. 360°　　　　D. 50°

2. 以下不适合用游标卡尺测量的是（　　）。

A. 内径　　　B. 外径　　　C. 深度　　　　D. 角度

四、简答题

读出图 1-20 所示数值：a）_____　b）_____。

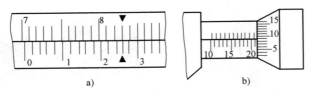

图 1-20　读数示意图

任务三　　回转式台虎钳拆装与操作

【任务布置】

工、量具准备：老虎钳、十字螺钉旋具与一字螺钉旋具、毛刷等。

设备准备：回转式台虎钳（图1-21）。

任务要求：1）回转式台虎钳的拆装。

2）回转式台虎钳的操作。

学时：2。

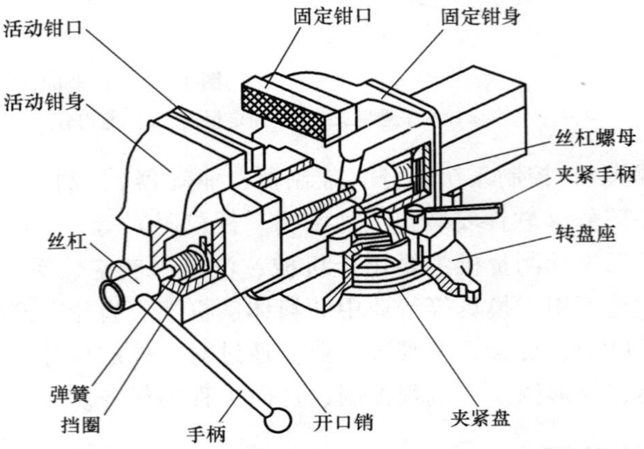

图 1-21　回转式台虎钳

【任务评价】

回转式台虎钳拆装与操作评分标准，见表1-6。

表 1-6　回转式台虎钳拆装与操作评分标准

项目	序号	要求	配分	评分标准	自评	互评	教师评分
拆装与操作	1	说出回转式台虎钳各部分的名称	5	说错一个名称扣2分			
	2	说出回转式台虎钳的工作原理	5	说错全扣			
	3	正确选用工具	5	选用工具不恰当，一次扣2分			
	4	清理台虎钳污迹	5	不清理不得分，清理不到位得2分			
	5	拆卸与安装回转式台虎钳顺序正确	15	顺序不正确扣5分			
	6	零部件摆放整齐	10	不整齐扣5分			
	7	拆装工具摆放整齐	10	不整齐扣5分			
	8	安装工件能有效夹紧	10	夹不紧扣5分			
	9	变换回转式台虎钳工作方向自如	5	操作失误扣2分			
	10	松开夹紧操作自如	5	操作失误扣2分			
	11	正确进行回转式台虎钳保养	10	不保养不得分，保养不到位得3分			
其他	12	文明生产	10	违者不得分			
	13	环境卫生	5	不合格不得分			
总分			100				

【任务目标】

1）熟练进行回转式台虎钳拆装，熟练并正确操作回转式台虎钳。

2）能正确认识钳工常用工具，并能准确选用与使用工具。

【任务分析】

1）领取拆装回转式台虎钳所需要的工具，并将其有序摆放在钳工工作台上，用毛刷对回转式台虎钳周围进行清理。

2）熟悉回转式台虎钳各部分的名称，初步了解其结构与工作原理。

3）拆卸过程。

① 摇动手柄，使活动钳身离开固定钳身，注意活动钳身脱离前应一手摇动手柄一手扶住活动钳身，以免活动钳身突然脱离固定钳身而掉落，发生不必要的事故。

② 把活动钳身放置在钳工工作台一侧，建议用废旧报纸垫在其下方，并使其与钳工工作台边缘保证一定的安全距离。

③ 用老虎钳拆下开口销，取出挡圈和弹簧，把丝杠从活动钳身上取出，并放置在汽油中用毛刷进行清洗。

④ 放松夹紧手柄直至固定钳身从转盘座上脱离，然后将其放置在工作台上。松开丝杠螺母固定螺栓，把拆卸后的丝杠螺母放置在汽油中用毛刷进行清洗。

⑤ 用螺钉旋具拆开固定钳身和活动钳身的钳口，并对钳口安装部位进行清理。

⑥ 建议固定在钳工工作台上的转盘座不进行拆卸。经常拆卸转盘座会导致回转式台虎钳不能有效地固定在钳工工作台上。

4）安装过程。

① 对丝杠及丝杠螺母进行清洗，并涂上润滑油。

② 固定丝杠螺母，并注意螺母安装的方向性。

③ 利用夹紧手柄安装固定钳身。

④ 依次安装活动钳身组件上的各零件，再安装活动钳身至固定钳身，安装时要保证丝杠与丝杠螺母在同一轴线上，并注意丝杠螺纹的旋转方向。

⑤ 安装完成后，使活动钳身在两个极限行程间运动数次，以保证丝杠充分润滑。

5）回转式台虎钳的操作过程。首先测试一下钳工工作台高度是否便于加工和操作，安装后台虎钳恰好与人手肘平齐为宜。如过高，可以在操作位置增加垫板或选择较矮的钳工工作台；过低，则选择较高的钳工工作台。

① 通过回转式台虎钳夹持工件，感知手柄与钳口夹紧与松开的关系。

② 夹持工件时，工件必须放正夹紧，台虎钳手柄朝下，依靠手臂的力量来扳动手柄，不允许用锤子敲击手柄或用管子接长手柄夹紧，以免损坏台虎钳。

③ 不能在活动钳身的光滑平面上敲击物体，以免降低活动钳身与固定钳身的配合性能。

④ 进行錾削等强力作业时，应使作用力朝向固定钳身，否则会使丝杠与丝杠螺母受力过大，导致螺纹损坏。

【安全提醒】

1）拆卸和安装时要注意拆装工具摆放整齐，以防工具等物品掉落，造成物品损坏或对人身造成伤害。

2）拆离活动钳身时，由于其较重，搬运过程中要注意人身安全。

3）操作回转式台虎钳时，台虎钳上不得放置工具等物品，以防掉落伤人。

【低碳环保提示】

1）清洗丝杠与丝杠螺母时，要注意油液不要溅出，通常采用刷子进行清洗。

2）涂抹润滑油要均匀和适量，并保持桌面和地面清洁，不要涂得过多，以免对环境造成污染，给工、量具带来危害。

3）清除回转式台虎钳周边铁屑时，不得用嘴吹，应用刷子轻轻刷扫。

【知识储备】

在钳工实际操作过程中，必然要涉及相关的工具和设备，认识和熟悉钳工常用工具与钳工常用设备，不仅有利于快速、准确地选择工具与设备，而且有利于安全规范使用工具与设备，提高加工效率。

一、钳工常用工具

钳工常用工具可根据实际用途划分为：划线类工具、加工类工具、拆装类工具以及辅助工具。

1. 常用划线类工具

常用划线类工具有划线平台、划针、划针盘、高度游标尺、划规、样冲等，如图 1-22 所示。

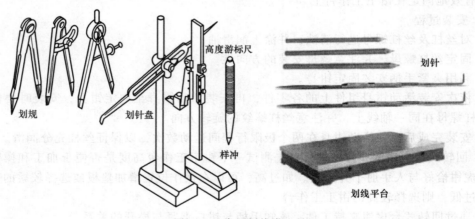

图 1-22　常用划线类工具

2. 常用加工类工具

常用加工类工具有錾子、手锯、锉刀、钻头、丝锥、板牙等，如图 1-23 所示。

3. 常用拆装类工具

常用拆装类工具有锤子、螺钉旋具、卡簧钳、内六角扳手、呆板手、活扳手、老虎钳和顶拔器等，如图 1-24 所示。

4. 常用辅助工具

常用辅助工具有千斤顶、方箱、V 形铁、机用虎钳、分度头等，如图 1-25 所示。

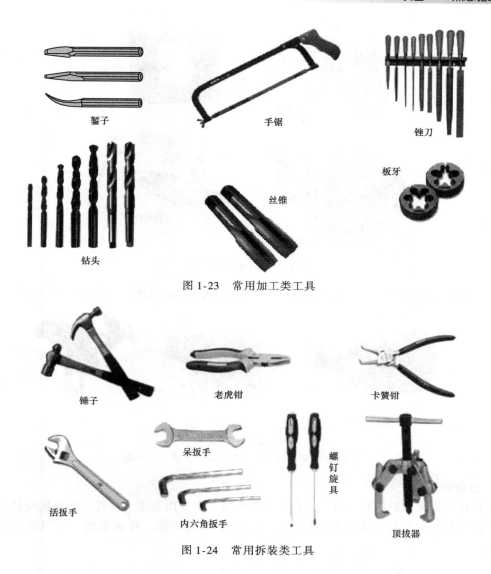

图 1-23 常用加工类工具

图 1-24 常用拆装类工具

二、钳工常用设备

钳工主要在相对固定的工作场地上工作，工作场地内有一些钳工操作必备的设备，如钳工工作台、台虎钳、砂轮机和台式钻床等。

1. 钳工工作台

钳工工作台在任务一中已有所介绍。考虑到实训场所的工位数及场地面积，学校在选择钳工工作台时，一般选用多工位的钳工工作台，中间设置密度适当的安全网。

2. 台虎钳

台虎钳一般安装在钳工工作台上，是用来夹持工件的通用夹具，其规格一般用钳口的宽度表示，常用的有 100mm、125mm 和 150mm 等。

台虎钳有固定式、回转式和夹持式等多种，其主要结构与工作原理相似，如图 1-26 所示。回转式台虎钳能够使加工工件处于不同的加工位置，使得加工更加灵活方便，应用较为广泛。

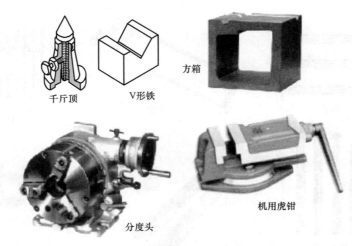

千斤顶　　　　V形铁　　　　　方箱

分度头　　　　　　机用虎钳

图 1-25　常用辅助工具

夹持式台虎钳主要用于移动方便、对钳工工作台不形成损坏的场所，一般为小型台虎钳。

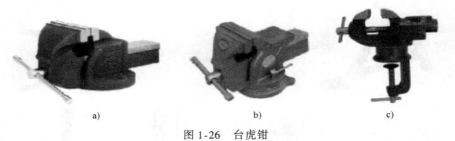

a)　　　　　　　　　　b)　　　　　　　　　　c)

图 1-26　台虎钳

a）固定式台虎钳　b）回转式台虎钳　c）夹持式台虎钳

3. 砂轮机

砂轮机是用来刃磨各种刀具、工具的常用设备，主要由基座、砂轮、电动机或其他动力源、防护罩和给水器等组成，如图 1-27 所示。由于砂轮较脆、转速很高，使用时应严格遵

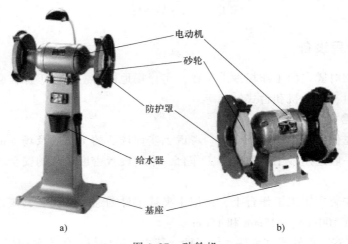

电动机

砂轮

防护罩

给水器

基座

a)　　　　　　　　　　　　　　　　b)

图 1-27　砂轮机

a）立式砂轮机　b）台式砂轮机

守安全操作规程。

根据零件加工的形状，选择相适应的砂轮面。根据要加工工件的材质和加工精度要求，选择砂轮的粒度。较软的金属材料以及加工精度要求较低的工件，如铜和铝，应使用粒度较大的砂轮；较硬的金属材料以及加工精度要求较高的工件，应使用粒度较小的砂轮。

使用砂轮机时的注意事项：

1）砂轮机起动后，应首先观察砂轮的旋转方向，使磨屑向下飞离砂轮，并在砂轮旋转平稳后再进行磨削。

2）砂轮机托架与砂轮间应保持3mm的距离，以防工件磨削时扎入。磨削时，人要站在砂轮的侧面，且用力不宜过大，禁止两人同时在一块砂轮上磨刀。

3）经常更换磨削面和修整砂轮磨削面，使砂轮磨削面能保持相对平整的状态。

4）磨削时，对砂轮施加的压力应适当，压力过大将导致加工面过热而退火，严重时零件不能使用，同时降低砂轮的使用寿命。磨削时，工件要随时在水中冷却。

5）磨削时，操作人员应戴防护眼镜和口罩，以防止飞溅的金属屑和砂粒对人体造成伤害。

6）一旦发现砂轮有裂痕、缺损等缺陷或伤残，应立刻停止使用或立即更换；发现砂轮不稳固，必须立刻停机检查、紧固。

【拓展阅读】

电 动 工 具

钳工加工除了要用到一些手动工具外，有时还需要借助一些手持电动工具进行加工，这些电动工具操作方便快捷。常用的电动工具如图1-28所示。

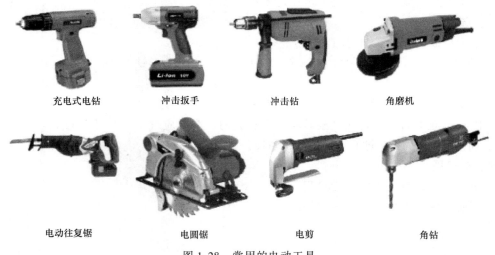

| 充电式电钻 | 冲击扳手 | 冲击钻 | 角磨机 |

| 电动往复锯 | 电圆锯 | 电剪 | 角钻 |

图1-28　常用的电动工具

电动工具在钳工操作中应用广泛，如果不能正确地使用这类工具和熟悉操作注意事项，很容易造成诸如触电和肢体伤害等事故。

1）不要通过提拉电缆来搬运工具，拔插头时不要猛拽电线，工具不用时要及时把插头拔下。

2）工作时，应穿上工作服。必要时，佩戴专门的防护用品，以防止废料颗粒、有害气体或烟尘等对人体造成伤害。

3）手持工具时，脚要站稳并保持身体平衡。对工具进行紧固时，要使用专用的夹子或卡子，防止工具被意外起动。

4）电动工具应在其设计工作范围内使用，不能在潮湿环境中使用电动工具，电动工具不用时应存放于干燥处。已损坏的电动工具不能继续使用，且要贴上"禁用"标签。

5）工作地点应有充足的照明。

【巩固小结】

通过本任务的实施，熟悉回转式台虎钳的结构、工作原理以及操作注意事项，能正确选择和使用各种常用工具，正确安装与拆卸回转式台虎钳，并能熟练操作回转式台虎钳。

一、填空题

1. 钳工常用设备有_____、_____、_____、_____等。

2. 常见的台虎钳有_____、_____和_____。

3. 台虎钳通过_____和_____产生的相对旋转而使得活动钳身与固定钳身相对运动。

二、判断题

1. 台虎钳活动钳身不能承受敲击力。　　　　　　　　　　　　　　　　（　　）

2. 在没有锤子的情况下，活扳手可以做锤子用。　　　　　　　　　　　（　　）

3. 对砂轮机上砂轮的选用没有具体要求，只要能够磨削刀具即可。　　　（　　）

4. 要经常修整砂轮磨削面，使砂轮磨削面能保持相对平整的状态。　　　（　　）

5. 钳工工作台安装照明电路的电压应不高于36V。　　　　　　　　　　（　　）

三、选择题

1. 用来拆装设备的工具是（　　　）。

A. 锉刀　　　　　　B. 扳手　　　　　　C. 划针　　　　　　D. V 形铁

2. 台虎钳属于（　　　）。

A. 工具　　　　　　B. 量具　　　　　　C. 夹具　　　　　　D. 刀具

3. 砂轮机起动后，应首先观察砂轮的旋转方向，磨屑应（　　　）飞离砂轮。

A. 向上　　　　　　B. 向下　　　　　　C. 向前　　　　　　D. 向后

四、简答题

1. 简述回转式台虎钳的拆卸过程。

2. 简述砂轮机的使用注意事项。

任务四　　台式钻床操作

【任务布置】

工、量具准备：扳手、螺钉旋具、毛刷等。

设备准备：台式钻床（图1-29）。

任务要求：1）能正确起动和停止台式钻床。

2）能对主轴转速进行调整，能对工作台的升降进行调整。

3）能正确操作台式钻床，并能正确进行台式钻床的保养。

学时：1。

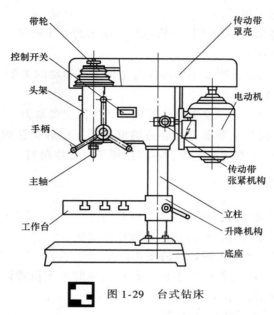

图 1-29　台式钻床

【任务评价】

台式钻床操作评分标准，见表 1-7。

表 1-7　台式钻床操作评分标准

项目	序号	要求	配分	评分标准	自评	互评	教师评分
操作与调整	1	说出台式钻床各结构的名称	10	说错一个结构扣 2 分			
	2	说出台式钻床工作原理	10	说错全扣			
	3	起动和停止台式钻床	10	按操作指令操作，失误扣 2 分			
	4	钻床转速的调整	15	按操作指令操作，失误扣 2 分			
	5	钻头的更换	15	按操作指令操作，失误扣 2 分			
	6	主轴上下移动	5	按操作指令操作，失误扣 2 分			
	7	工作台升降调整	10	按指令操作，失误扣 2 分			
其他	8	台式钻床保养	10	不保养不得分，保养不到位得 3 分			
	9	文明生产	10	违者不得分			
	10	环境卫生	5	不合格不得分			
总分			100				

【任务目标】

1）能正确起动和停止台式钻床，根据加工要求熟练操作和调整钻床。

2）能正确进行台式钻床的保养。

3）熟悉其他钳工加工设备的使用与维护方法。

【任务分析】

1）确认车间台式钻床总控制电源的位置，并使电源处于关闭状态。

2）检查台式钻床各部位，确认钻床工作台、罩壳上方、手柄等位置没有多余物品。

3）看懂台式钻床标识铭牌。

4）认识台式钻床各部分结构，初步熟悉台式钻床的工作原理。

5）手动操作台式钻床。

① 对进给手柄进行操作，明确手柄操作与主轴上下运动的关系。

② 对工作台进行升降调整。

③ 更换传动带安装位置，调整带轮位置使传动带保持张紧力。

④ 安装麻花钻。根据作业要求选择合适的麻花钻，把麻花钻固定在钻夹头上。从钻夹头上卸下麻花钻时必须使用专用的钥匙，不得用锤子等硬物敲打。

6）上电操作台式钻床。

① 打开总电源开关。

② 按下"绿色"起动按钮，台式钻床主轴运转。

③ 按下"红色"停止按钮，台式钻床主轴停止运转。

④ 更换传动带位置，观察主轴转速的变化情况。

⑤ 重新起动台式钻床，操作进给手柄，观察主轴的上下位置以及与工作台之间的位置关系，注意不得使主轴碰到工作台。

⑥ 按下停止按钮，台式钻床主轴停转。

7）台式钻床操作结束后，要及时切断总电源。

8）若加工零件，则必须及时清理台式钻床工作台面，用毛刷仔细清除台面上的铁屑和切削液，并将钻床擦拭干净。对台式钻床台面及地面等进行打扫与清理，保证工作场所的环境整洁与操作安全。在工作台面上涂上防锈油，在钻床各滑动面及各注油孔内加注润滑油。

9）填写台式钻床使用记录单。建议实训班级确定实训安全员或课代表，由其负责检查与记录。

10）建议本任务与任务三交叉实施，以减少设备台、套数少对教学的影响。

【安全提醒】

1）操作时，应穿戴好工作服及工作帽，佩戴好防护眼镜和规定的防护用品，严禁戴手套操作，以免发生意外。

2）调整转速必须在钻床停止运转后进行，起动后不得变速。

3）在钻孔操作过程中，要认真观察钻孔的运动状态，视线不得离开工件。

4）禁止两人同时操作钻床，严禁操作钻床时打闹嬉戏。

【低碳环保提示】

1）加注润滑油时应保持台式钻床工作台和地面的清洁，润滑油不要加注得过多，以免对环境造成污染。

2）加注润滑油时，严禁碰及带轮或传动带，否则会造成传动带打滑，加速传动带老化。

3）在使用台式钻床时，严禁在工作台台面、机用平口钳以及其他钻床夹具上钻孔，导致设备和工具损坏。

【知识储备】

钳工常用设备除了有钳工工作台、台虎钳和砂轮机外，还有钻床等加工类机床。常见的钻床有台式钻床、立式钻床和摇臂钻床等。

一、台式钻床

台式钻床是一种小型钻床，简称台钻，如1-29所示。台式钻床主要由工作台、立柱、升降机构、主轴、变速机构、传动带张紧机构、电动机、控制开关等部分组成。台式钻床的特点是结构简单，操作方便，适用于加工小型工件，用来钻、扩12mm以下的孔，使用十分广泛。

台式钻床升降机构一般采用齿轮齿条啮合，通过转动手柄，可使工作台或机头沿着立柱上升或下降。

台式钻床变速机构是由不同组合的带轮组成的，通常有五级转速变换。传动带张紧机构通过调整两带轮间的距离控制传动带安装的松紧程度，这是调整台式钻床转速的必要机构。台式钻床的转速较高，一般不宜在台式钻床上进行锪孔、铰孔和攻螺纹等加工。

台式钻床主轴的进给一般只有手动进给，且有表示或控制孔深度的装置，如刻度盘、刻度尺和定位装置等。钻孔后，主轴能在弹簧的作用下自动上升复位。

二、立式钻床

立式钻床是一种中型钻床，按最大的钻孔直径区分有25mm、35mm、40mm和50mm等规格，适用于钻孔、扩孔、铰孔和攻螺纹等加工。

立式钻床主要由工作台、立柱、底座、升降机构、进给箱、主轴箱、电动机、冷却系统、进给手柄和控制开关等部分组成，如图1-30所示。

电动机通过主轴箱（齿轮转动）驱动主轴旋转，改变变速手柄的位置可使主轴获得多种转速。通过进给箱，可使主轴获得多种机动进给速度，转动进给手柄可以实现手动进给。工作台装在床身导轨上，可沿床身导轨上下移动，以适应不同大小工件的加工。

立式钻床的使用及维护保养注意事项如下：

1）使用前必须空运转试车，钻床各部分运转正常后方可进行操作。

2）使用时如采用自动进给，必须脱开进给手柄。

3）调整主轴转速或自动进给必须在停车后进行。

4）经常检查润滑系统的供油情况。

5）使用完毕后必须进行清扫，切断电源并进行保养。

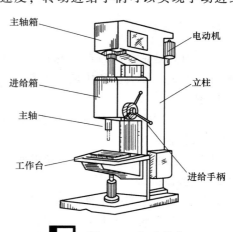

图1-30 立式钻床

三、摇臂钻床

摇臂钻床是一种大型钻床，适用于大型、复杂工件及多孔工件的加工。摇臂钻床主要靠移动主轴来对准工件孔的中心，使用时比立式钻床方便，其最大钻孔直径有 63mm、80mm和 100mm 等。

摇臂钻床主要由工作台、立柱、底座、升降机构、摇臂、主轴箱、电动机、冷却系统、进给手柄、控制开关等部分组成，如图 1-31 所示。

摇臂钻床的主轴箱能在摇臂上做大范围的移动，而摇臂又能绕立柱回转 360°，并可沿立柱上下移动。工作时工件可压紧在工作台上，也可以直接放在底座上。

使用摇臂钻床时要注意以下问题。

1）严禁戴手套操作，女生发辫应挽在帽子内。

2）使用时，摇臂回转范围内不准有障碍物。摇臂和工作台上不准存放物件，被加工件必须按规定夹紧，以防工件移位造成重大人身伤害事故和设备事故。

3）主轴箱或摇臂移位时，必须先松开锁紧装置，将其移动至所需位置夹紧后方可使用，操作时可用手拉动摇臂使其回转。

4）使用自动走刀时，要选好进给速度，调整好行程限位块。手动进刀时，一般按照逐渐增压和逐渐减压的原则进行，以免用力过猛造成事故。

5）调整钻床速度和行程、装夹工具和工件以及擦拭钻床时，必须停车。

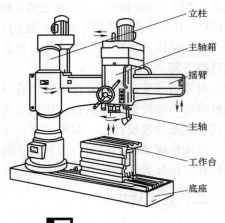

图 1-31 摇臂钻床

6）钻头上绕有长铁屑时，要停车清除，禁止用风吹、用手拉，要用刷子或铁钩清除。

7）因钻床没有汇流环装置，故在摇臂回转时，必须注意不能总是沿一个方向连续回转。

8）摇臂钻床工作结束后，必须将主轴箱移至摇臂的最内端，以保证摇臂的精度。

四、钻床附具

钻床附具是钻孔用刀具（麻花钻）和其他孔加工刀具与钻床主轴连接的装夹工具，常用的有钻夹头、钻头套和快换夹头等。

1. 钻夹头

钻夹头常用来装夹 13mm 以内的直柄钻头，其结构如图 1-32 所示。

2. 钻头套

钻头套常用来装夹锥柄钻头，可根据钻头莫氏锥度的号数选用相应的钻头套，如图 1-33 所示。

3. 快换钻夹头

在钻床上加工同一工件的多种直径尺寸的孔时，往往需要直径不同的孔加工刀具。如采用普通的钻夹头或钻头套装夹刀具，就显得很不方便，需频繁装卸刀具，不仅容易损坏刀具和钻头套，甚至会影响钻床主轴的回转精度。使用快换钻夹头（图 1-34）可避免以上缺点，

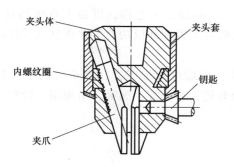

图 1-32 钻夹头

做到不停车换装刀具,大大提高生产率。

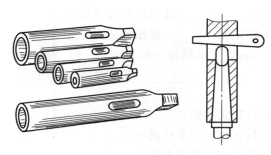

图 1-33 钻头套

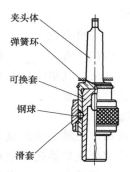

图 1-34 快换钻夹头

▋【拓展阅读】

数 控 机 床

数控机床是数字控制机床(Computer Numerical Control Machine Tools)的简称,是一种装有程序控制系统的自动化机床。数控机床较好地解决了复杂、精密、小批量、多品种的零件加工问题,是一种柔性的、高效能的自动化机床,代表了现代机床控制技术的发展方向,是一种典型的机电一体化产品。

数控机床的基本组成包括加工程序载体、数控装置、伺服驱动装置、机床主体和其他辅助装置。

常见的数控机床有数控车床、数控铣床、数控磨床、数控钻床和加工中心等。图 1-35 所示为数控车床和数控钻床。与传统机床相比,数控机床具有高柔性、高精度、高速度、高稳定性、高可靠性、高生产率等特点。

数控车床又称为 CNC 车床,即计算机数字控制车床,是目前国内使用量最大、覆盖面最广的一种数控机

a)   b)

图 1-35 数控车床和数控钻床

a)数控车床 b)数控钻床

床，约占数控机床总数的 25％。它具有广泛的加工工艺性，可加工直线圆柱、斜线圆柱、圆弧和各种螺纹；还具有直线插补、圆弧插补等各种补偿功能，并在复杂零件的批量生产中达到良好的经济效果。

数控钻床主要用于钻孔、扩孔、铰孔、攻螺纹等加工，在汽车、机车、造船、航空航天、工程机械等行业广泛应用，尤其适合对超长型叠板、纵梁、结构钢、管型件等多孔系的各类大型零件进行钻孔。

【巩固小结】

通过本任务的实施，掌握台式钻床、立式钻床、摇臂钻床的结构与工作原理，并熟练掌握台式钻床操作要领及注意事项，为后续孔加工奠定基础。

一、填空题

1. 钻床一般可完成_____孔、_____孔、_____孔和攻螺纹等加工。

2. 常见的钻床有_____钻床、_____钻床和_____钻床等。

3. 台式钻床，其最大钻孔直径为_____ mm，主轴转速一般可分_____级。

4. 立式钻床主要由_____、_____、_____、_____和底座等部分组成。

二、判断题

1. 台式钻床主轴的变速是通过改变传动带位置实现的。　　　　　　　　　（　　）

2. 立式钻床主轴的进给运动，可以机动进给，也可以手动进给。　　　　　（　　）

3. 立式钻床的主轴允许不停车变速，而摇臂钻床必须停车变速。　　　　　（　　）

4. 钻夹头用来装夹锥柄钻头，钻头套用来装夹直柄钻头。　　　　　　　　（　　）

5. 为了提高生产率，钻孔时可在主轴旋转状态下装夹、检测工作。　　　　（　　）

三、选择题

1. 钻夹头是用来装夹（　　）钻头的。

A. 直柄　　　　　　B. 锥柄　　　　　　　C. 直柄或锥柄

2. 钻头套用来装夹（　　）mm 以上的锥柄钻头。

A. 13　　　　　　　B. 15　　　　　　　　C. 20

四、简答题

1. 简述台式钻床的操作注意事项。

2. 比较台式钻床、立式钻床与摇臂钻床的结构、特点与应用。

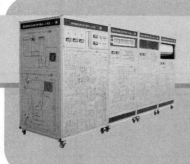

项目二

90° V形铁制作

任务一　90°V形铁划线加工

【任务布置】

工、量具准备：划针、样冲、划针盘等。

备料：铸铁块（HT200），尺寸为 65mm×55mm×35mm。

任务要求：1）按图样（图2-1）要求在毛坯上划出加工线。

　　　　　2）线条清晰无重线，样冲眼位置正确且分布合理。

学时：2。

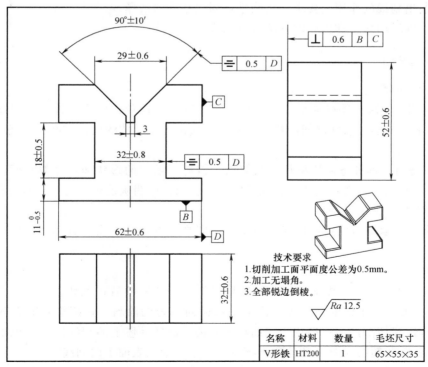

技术要求
1. 切削加工面平面度公差为0.5mm。
2. 加工无塌角。
3. 全部锐边倒棱。

$\sqrt{}$ Ra 12.5

名称	材料	数量	毛坯尺寸
V形铁	HT200	1	65×55×35

图 2-1　90°V形铁划线图

【任务评价】

90°V形铁划线评分标准，见表2-1。

表2-1　90°V形铁划线评分标准

项目	序号	要求	配分	评分标准	自评	互评	教师评分
划线操作	1	涂色薄而均匀	10	根据所有涂色总体评定			
	2	图形正确,分布合理	10	图形有差错不得分			
	3	尺寸偏差±0.25mm	25	每错一处扣2分			
	4	线条清晰无重复	10	一处线条重复或模糊扣2分			
	5	样冲眼准确,分布合理	10	冲偏一处扣2分;一处分布不合理扣2分			
	6	点与点之间的连线清晰	10	一处连接不好扣2分			
	7	使用工具正确	10	一次不正确扣1分			
其他	8	安全文明生产	10	违者不得分			
	9	环境卫生	5	不合格不得分			
总分			100				

【任务目标】

1）能正确识读零件图。

2）熟练使用划线工具，并能按图样要求及划线工艺划出加工线。

3）能说出划线的作用、要求，正确进行划线基准的选择。

4）能正确运用找正和借料的方法进行划线。

【任务分析】

1）划线前的准备。

① 识读图样。根据图样详细了解工件上需要划线的部位，明确工件及其划线有关部分的作用和要求，了解各尺寸之间的相互关系，能找出各个尺寸的设计基准，明确各个方向的划线基准。

② 检查备料。本任务所用材料为灰铸铁，铸造后毛坯的形状和尺寸都有所变化，应检查毛坯的形状和尺寸是否达到要求，如不能达到要求，应明确能否通过找正和借料的方法进行补救，若不行，则更换备料。

③ 划线工、量具的准备。根据划线要求，应准备好划线平台、方箱、划针、样冲、划规、分度头等。

2）划线。

① 初次划线可选择在纸上试划，明确划线的方法和要领后在毛坯上划线。为使划出的线条清晰，一般要在工件的划线部位涂上一层薄而均匀的涂料。常用涂料有石灰水（加入适量牛皮胶增加附着力），一般用于表面粗糙的铸、锻件毛坯上的划线；酒精色溶液（在酒精中加漆片和紫蓝颜料配成）和硫酸铜溶液，用于已加工表面上的划线。

② 划线基准要与设计基准尽可能一致。选择划线基准时要保证工件其他线条有足够的

位置，一般先划一个方向的基准线，再划这个方向的位置线和加工线，先划基准的平行线，再划相关的垂直线、斜线。

③ 根据任务要求，本任务属于立体划线。立体划线时要注意三个方向基准相互垂直的位置关系。实际钳工操作时，可以按照基准线完成一个基准面加工后，再加工第二个基准面。

3）划线后的检查。仔细对照图样，按照基准方向逐一测量和检查划线线条，以防漏划或错划线条。漏划的线条要及时补上，错划的线条要注上明显的标志，保证划线的准确性。

4）打样冲眼。在线条上打样冲眼，便于划线和在加工时进行查看。样冲眼必须打正，先不要打得过大，以便于修正；确认样冲眼位置在线条上后，可以略打大一点；毛坯面要适当打得深些，已加工面要打得浅些、稀些，精加工面和软材料上可不打样冲眼。

5）复查互检。详细对照图样检查划线的正确性，确认无误后同组同学互检，最后交教师检验。

6）整理现场。对划线工具进行整理，物品分类放置。

【安全提醒】

1）划针和划规不用时，不能放在口袋里，以免针尖伤人。
2）划线工具不能放置在划线平台的边缘，以免工具扎伤手脚。
3）划线时，禁止嬉闹，严禁将划线工具作为其他工具使用。

【低碳环保提示】

1）划线用的涂色剂使用后应及时放好，以免挥发和污染环境。涂色的用具（涂色笔等）应妥善保管，以便重复使用，节约材料。

2）本项目的坯料为灰铸铁，表面很粗糙，不能用精密的高度游标尺划线，以免划线刀口崩刃，造成划线工具的损坏。

3）不得在划线平台等工具的平面上划线。划线工具使用完毕后，必须擦拭干净并妥善安放。

【知识储备】

根据图样要求，用划线工具准确地在工件表面上划出加工界线的操作，称为划线。划线的准确性是保证加工的前提条件。

一、划线的分类

划线一般分为平面划线和立体划线两种。平面划线只需要在一个表面上划线，如图2-2所示。立体划线需要在几个互成不同角度（通常是互相垂直）的平面上进行划线，如图2-3所示。

二、划线的要求

要保证尺寸准确、线条清晰均匀。在立体划线时，还应注意长、宽、高三个方向的线条互相垂直。通常不能依靠划线直接确定加工零件的最后尺寸，而是通过测量来保证尺寸的准

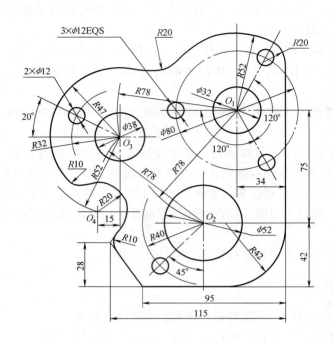

图 2-2　平面划线

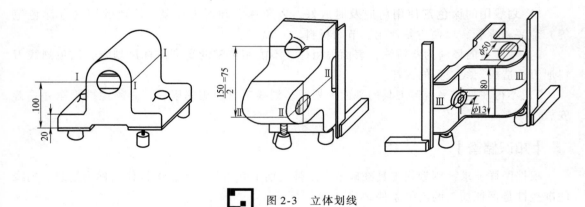

图 2-3　立体划线

确度。

三、典型划线工具的使用

典型划线工具有钢直尺、划线平台、划针、高度游标尺、划规、样冲、直角尺等。

1. 钢直尺

钢直尺是一种简单的尺寸量具，如图 2-4 所示。在钢直尺尺面上刻有尺寸刻线，最小刻线距离为 0.5mm，其长度规格有 150mm、300mm 等多种。它主要用于量取尺寸、测量工件，也可用于划直线时的导向工具。

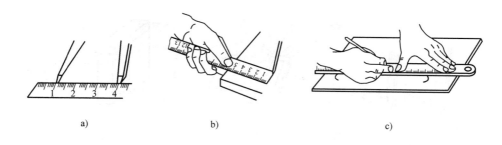

图 2-4　钢直尺的使用

a）量取尺寸　b）测量工件　c）导向工具

2. 划线平台

划线平台由铸铁制成，其工作表面经过精刨或刮削加工，作为划线时的基准平面，如图 1-22 所示。划线平台一般置于木架上，放置时应使工作表面处于水平状态。

应经常保持划线平台工作表面的清洁。使用时，工件和工具在划线平台上要轻拿、轻放，不可损伤其工作表面；用后要擦拭干净，并涂上防锈油。

3. 划针

划针用于在工件上划线。划针是用弹簧钢丝或高速钢制成的，如图 1-22 所示。

在用钢直尺和划针划连接两点的直线时，应先用划针和钢直尺定好后一点的划线位置，然后调整钢直尺对准前一点的划线位置，再划出两点的连接直线。划线时针尖要紧靠钢直尺的边缘，上部向外侧倾斜 15°~20°，向划线方向倾斜约 45°~75°，如图 2-5 所示；针尖要保持尖锐，尽量做到一次划成，以保证划出的线条既清晰又准确。

4. 划规

划规主要用于划圆及圆弧、等分线段、角度和量取尺寸等。

划规两脚的长度应稍有不同，两脚合拢时脚尖能靠紧，才可划出尺寸较小的圆弧。划规的脚尖应保持尖锐，以保证划出的线条清晰。用划规划圆时，作为旋转中心的一脚应加以较大压力，另一脚则以较轻压力在工件表面上划出圆或圆弧，这样可使中心不致滑动，如图 2-6 所示。

5. 直角尺

直角尺在划线时常用作划平行线、垂直线的导向工具，如图 2-7 所示。

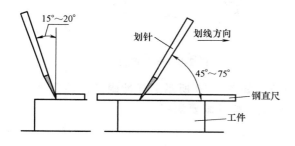

图 2-5　划针的用法

图 2-6　用划规画圆

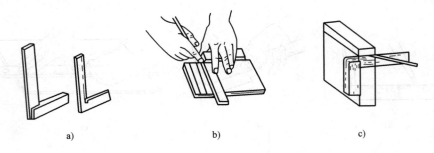

图 2-7　直角尺及其使用

a）直角尺　b）划平行线　c）划垂直线

6. 高度游标尺

高度游标尺附有量爪，能直接表示出高度尺寸，分度值一般为 0.02mm，属于精密划线工具。使用前，用布将平板、高度游标尺底座和量爪测量面、导向面擦干净，松开尺框上的紧固螺钉，检查游标零位线是否与尺身零位线对齐（轻推尺框，使量爪测量面紧贴平板）。若对齐，则调到指定高度直接划线，如图 2-8 所示；若不对齐，则进行误差换算后再划线或重新选用高度游标尺。

无论使用与否，高度游标尺都应站立放置。搬动高度游标尺时，应用一手托住底座，一手扶住尺身，防止跌落，并避免因碰撞使尺身变形。

7. 样冲

样冲用于在工件所划加工线条上打样冲眼，突显界线标记，也常用于划圆弧和钻孔时定中心。它一般用工具钢制成，尖端处淬硬，其顶尖角度在用于加强界线标记时约取 40°，用于钻孔定中心时约取 60°。打样冲眼时，先将样冲外倾，使尖端对准线的正中，然后再将样冲立直打样冲眼，如图 2-9 所示。

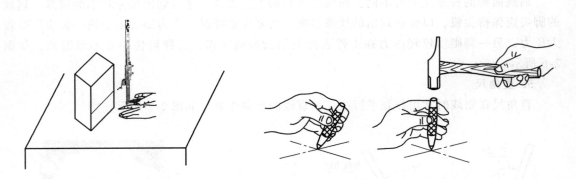

图 2-8　用高度游标尺划线　　　　　图 2-9　样冲的使用方法

样冲眼位置要求准确，中点不可偏离线条，如图 2-10 所示。样冲眼的深浅要适当，在薄壁或光滑表面上打样冲眼要浅些，粗糙表面上打样冲眼要深些。

四、划线基准的选择

用来确定生产对象几何要素间的几何关系所依据的点、线、面称为基准。

在零件图上用来确定其他点、线、面位置的基准称为设计基准。

　　在划线时，用来确定工件的其他各部分尺寸、几何形状及工件上各要素的相对位置的基准，称为划线基准。

　　在选择划线基准时，应先分析图样，找出设计基准，使划线基准与设计基准尽量一致，最好能够直接量取划线尺寸，简化换算过程。划线时，应从划线基准开始，如图2-11所示。

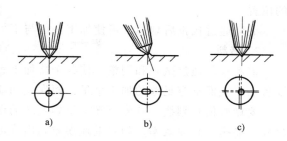

图2-10　样冲眼
a）正确　b）不垂直　c）偏心

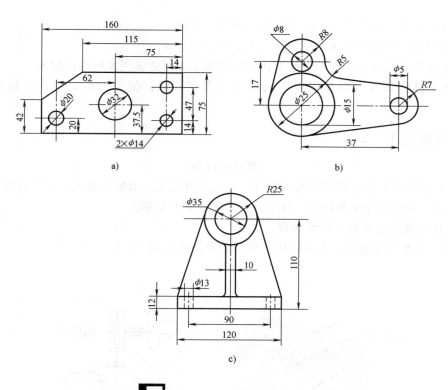

图2-11　划线基准的选择
a）以互相垂直的平面（或线）为划线基准　b）以两条中心线为划线基准
c）以一个平面和一条中心线为划线基准

五、找正与借料

　　在很多情况下，立体划线主要针对铸件、锻件毛坯进行划线，而铸件和锻件上常有歪斜、偏心、壁厚不均匀等缺陷，当几何误差不大时，可采用找正与借料等方法进行补救。

1. 找正

　　找正就是利用划线工具（如划针盘、直角尺、划规等）使工件上有关的表面处于合适的位置。

毛坯通过找正后划线，可使加工表面与不加工表面之间保持尺寸均匀。

2. 借料

借料就是通过试划和调整，使各个待加工表面的加工余量合理分配、互相借用，从而保证各加工表面都有足够的加工余量，而误差和缺陷可在加工后消除。

要做好借料划线，首先要知道待划毛坯的误差程度，确定需要借料的方向和借料大小，这样才能提高划线效率。如果毛坯误差超出许可范围，就不能利用借料来补救了。

六、划线的作用

划线工作不仅用于毛坯表面，也经常用于已加工表面。综合划线实践，划线有以下几个作用。

1）确定工件的加工余量，使加工有明确的尺寸界线。

2）便于复杂工件按划线来找正在机床上的正确位置。

3）能够及时发现和处理不合格毛坯，避免因加工而造成更大的经济损失。

4）采用借料划线可以使误差不大的毛坯得到补救，使加工后的零件仍能符合图样要求。

【拓展阅读】

万能分度头

分度头是铣床上等分圆周的常用附件，有直接分度头、万能分度头、光学分度头等，通常用它们对工件进行分度和划线，其中万能分度头最为常用。

1. 万能分度头的结构与传动原理

常见 FW125 型万能分度头的结构与传动原理如图 2-12 所示。

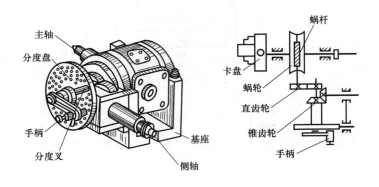

图 2-12　常见 FW125 型万能分度头的结构与传动原理

2. 分度的方法

分度的方法有直接分度法、简单分度法和差动分度法等。

由于蜗轮蜗杆的传动比是 1/40，若已知工件圆周上的等分数目 Z，则工件每转过一个等分时，分度头手柄应转过的圈数 n 用下式确定

$$n = 40/Z$$

3. 分度时的注意事项

1）为了保证分度准确，分度手柄每次必须按同一方向转动。

2）当分度手柄将到预定孔位时，注意不要让它转过了头，定位销要刚好插入孔内。如发现已转过了头，则必须反向转过半圈左右后再重新转到预定的孔位。

3）在使用分度头时，每次分度前必须先松开分度头侧面的主轴紧固手柄，分度头主轴才能自由转动。分度完毕后仍要紧固主轴，以防主轴在划线过程中松动。

【巩固小结】

通过本任务的实施，熟悉划线的基本要求、划线基准的选择、找正与借料等内容，会根据图样的要求选用合适的划线工具，运用正确的划线方法在毛坯上划线。

一、填空题

1. 划线分为_____划线和_____划线。在几个互成不同角度（通常是互相垂直）的表面上划线，称为_____划线。

2. 平面划线要选择_____个划线基准，立体划线要选择_____个划线基准。

3. 划线除要求划出的线条_____均匀外，最重要的是要保证_____。

4. 立体划线时，几何误差不大的毛坯可通过_____和_____方法来补救。

二、判断题

1. 在零件图上用来确定其他点、线、面方向的基准称为设计基准。　　　　　　　（　　）

2. 划线过程中不需要确定划线基准。　　　　　　　　　　　　　　　　　　　（　　）

3. 找正和借料这两项工作是各自分开进行的。　　　　　　　　　　　　　　　（　　）

三、选择题

1. 划线时应使划针向外倾斜（　　　　），同时向划线方向倾斜（　　　　）。

A. 90°　　　　　　B. 45°～75°　　　　　　C. 15°～20°

2. 在加工过程中可通过（　　　　）来保证尺寸的准确度。

A. 测量　　　　　　B. 划线　　　　　　C. 加工

3. 毛坯通过找正后划线，可使加工表面与不加工表面之间保持（　　　　）均匀。

A. 尺寸　　　　　　B. 形状　　　　　　C. 尺寸和形状

4. 分度头的手柄转一周时，装夹在主轴上的工件转（　　　　）周。

A. 1　　　　　　　B. 40　　　　　　　C. 1/40

四、简答题

1. 划线有哪些作用？

2. 简述找正和借料的概念。

任务二　90°V形铁錾削加工

【任务布置】

工、量具准备：锤子、錾子等。

备料：本项目任务一工件。

任务要求：1）按图样（图 2-13）要求制订合理的錾削加工工艺。

2）能正确使用錾削工具，在规定时间内加工出合格的工件。

学时：10。

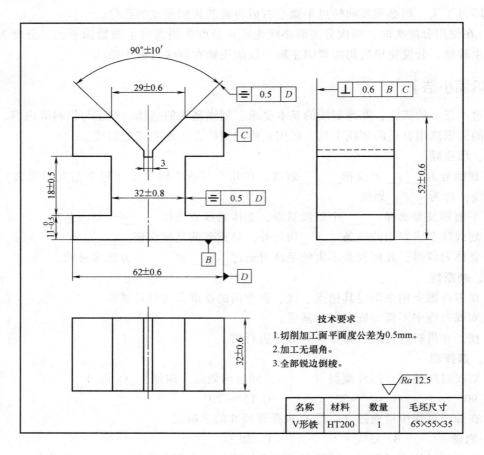

图 2-13　90°V 形铁錾削加工图

【任务评价】

90°V 形铁錾削评分标准，见表 2-2。

表 2-2　90°V 形铁錾削评分标准

项目	序号	要求	配分	评分标准	自评	互评	教师评分
工件加工	1	62mm ± 0.6mm	3	超差不得分			
	2	32mm ± 0.6mm（外形宽度）	3	超差不得分			
	3	52mm ± 0.6mm	3	超差不得分			
	4	29mm ± 0.6mm	4	超差不得分			
	5	90° ± 10′	5	超差不得分			
	6	32mm ± 0.8mm	5	超差不得分			

（续）

项目	序号	要求	配分	评分标准	自评	互评	教师评分
工件加工	7	18mm±0.5mm	5×2	超差不得分			
	8	$11_{-0.5}^{0}$mm	5×2	超差不得分			
	9	⚌ $\boxed{0.05}$ $\boxed{D}$	5×2	超差不得分			
	10	⊥ $\boxed{0.6}$ $\boxed{B}$ $\boxed{C}$	5×3	超差不得分			
	11	Ra 为 12.5μm	1×12	不符合不得分			
	12	倒棱、去毛刺	5	违者酌情扣1~5分			
其他	13	安全文明生产	10	违者不得分			
	14	环境卫生	5	不合格不得分			
总分				100			

【任务目标】

1）熟悉錾子的结构、种类及錾削的用途。

2）熟练掌握錾削的各种方法，学会錾子的刃磨。

3）能根据图样要求，选用錾子及錾削工具，加工出合格的工件。

【任务分析】

1）备料检查。先对本项目任务一工件的划线进行检查，确保划线的准确性。

2）錾削基准的选择。一般选择较大的平面作为錾削的基准面。本任务中选择錾削面1作为第一基准面，如图2-14所示。

3）錾削工序。

① 加工錾削面1，保证平面度误差在公差范围内，并以此为基准加工錾削面2，保证平面度公差、尺寸及尺寸公差要求，如图2-14所示。

② 以錾削面1为基准，加工錾削面3，保证平面度与垂直度公差要求，然后以錾削面3为基准加工錾削面4，保证平面度公差、尺寸及尺寸公差要求，如图2-14所示。

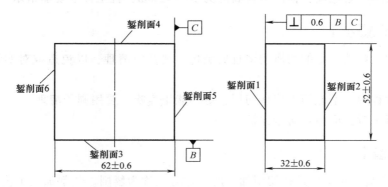

图2-14　90°V形铁錾削加工图一

③ 以錾削面1为基准，加工錾削面5，保证平面度与垂直度公差要求。然后以錾削面5为基准加工錾削面6，保证平面度公差、尺寸及尺寸公差要求，如图2-14所示。

④ 用狭錾分层加工錾削面 7、8、9，保证尺寸 $11_{-0.5}^{0}$ mm、18mm ± 0.5mm 及平面度公差要求，如图 2-15 所示。

⑤ 用同样的方法加工錾削面 10、11、12，保证 $11_{-0.5}^{0}$ mm、18mm ± 0.5mm 及平面度公差要求，间接保证 32mm ± 0.8mm、对称度公差，如图 2-15 所示。

⑥ 90°V 形也用狭錾开槽，然后用扁錾加工出 V 形（錾削面 13、14），保证角度、平面度、对称度公差。宽度为 3mm 的槽用狭錾最后加工出。

⑦ 对工件进行倒棱、去毛刺。

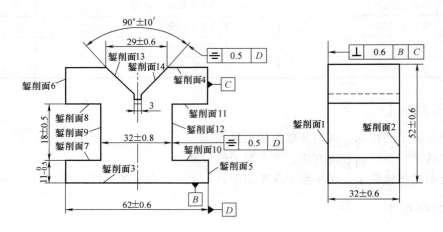

图 2-15   90°V 形铁錾削加工图二

【安全提醒】

1）錾削时，穿戴好工作服和防护眼镜，检查工作台安全网是否完整，防止切屑飞出伤人。

2）錾子要保持锋利，过钝的錾子錾削费力，錾削表面不平，且容易打滑伤手。

3）錾子头部、锤子头部和柄部均不应沾油，以防打滑，木柄松动要及时更换。

4）工件必须夹紧稳固，伸出钳口高度为 10～15mm，且工件下要加垫木。

【低碳环保提示】

1）錾削加工铸铁产生的切屑较多且成黑色，要及时清理，以免造成对实训车间环境的污染。

2）錾削过程中，不能用手清理切屑，更不能用嘴吹，要用刷子清理。

3）刃磨錾子时，应注意防尘保护。

【知识储备】

用锤子锤击錾子对工件进行切削加工的操作方法称为錾削。錾削加工工艺和操作方法较为简单、灵活，但切削效率和切削质量不高。目前，錾削主要用于不便于机械加工的工件表面的加工，如清除铸锻件和冲压件的毛刺、飞边，分割材料，錾削平面及沟槽等。同时，錾削可以训练锤击技能，为装拆机械设备打下扎实的基础。

一、錾子

錾子是錾削工件的刀具，材料一般为碳素工具钢（T7A 或 T8A），经锻打成形后，再进行热处理和刃磨而形成。

1. 錾子的结构

錾身一般制成八棱形，便于控制錾刃方向，头部制成圆锥形，顶部略带球面，保证锤击时的作用力与刃口的錾切方向一致；切削部分由前刀面、后刀面和切削刃组成，如图 2-16 所示。

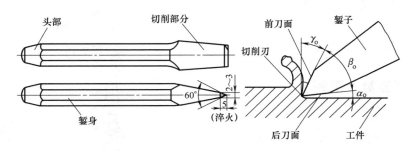

图 2-16　錾子及錾削示意图

2. 錾子的种类

根据用途不同，錾子一般可分为扁錾、狭錾和油槽錾等，如图 2-17 所示。

（1）扁錾　扁錾又称阔錾，常用于錾削平面、切割、去凸缘、去毛刺和倒角等，是用途最广泛的一种錾子。

（2）狭錾　狭錾又称尖錾或窄錾，常用于錾沟槽、分割曲面和板料等。

（3）油槽錾　油槽錾常用来錾削油槽、沟槽等。

3. 錾子的刃磨

（1）錾子的刃磨要求　錾子的几何形状及合理的角度值要根据用途及加工材料的性质而定。錾子楔角 β_o 的大小要根据被加工材料的硬度来决定。錾削较软金属，可取 30°～50°；錾削一般硬度的钢件或铸铁，可取 50°～60°；錾削较硬金属，可取 60°～70°。切削刃与錾子的几何中心线垂直，且应在錾子的对称面上。

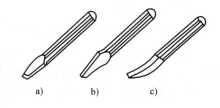

图 2-17　錾子的种类

a）扁錾　b）狭錾　c）油槽錾

（2）錾子的刃磨方法　双手握持錾子，在旋转着的砂轮轮缘上进行刃磨。刃磨时，必须使切削刃高于砂轮水平中心线，在砂轮全宽上左右移动，并控制錾子的方向和位置，磨出所需的楔角值。刃磨时压力不宜过大，左右移动要平稳、均匀，刃口要经常蘸水冷却，以防退火，如图 2-18 所示。

二、锤子

锤子又称榔头，是钳工常用的敲击工具，錾削、矫正、弯曲、铆接和装拆零件等都常用锤子来敲击。如图 2-19 所示，锤子由锤头和木柄组成。锤头一般用工具钢制成，并经热处理淬硬；木柄用比较坚韧的木材制成，如胡桃木、白蜡木、檀木等。木柄装入锤孔后用楔子楔紧，以防锤头脱落。锤子的规格用锤头的质量来表示，常用的有 0.25kg、0.5kg 和 1kg 等。

图 2-18　錾子的刃磨

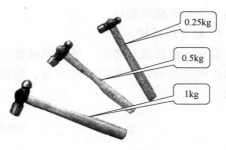

图 2-19　锤子

三、錾削姿势及要领

1. 錾子的握法

錾子的握法有正握法与反握法，如图 2-20 所示。

（1）正握法　手心向下，腕部伸直，用中指、无名指握住錾子，小指自然合拢，食指和大拇指自然伸直地松靠，錾子头部伸出约 20mm。錾子不能握得太紧，否则，手掌所承受的振动就大。錾削时，小臂自然平放成水平位置，肘部不能抬高或下

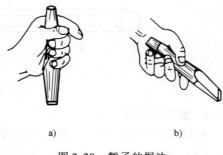

图 2-20　錾子的握法
a）正握法　b）反握法

垂，使錾子保持正确的后角。正握法是錾削中的主要握錾方法。

（2）反握法　手心向上，手指自然捏住錾子，手掌悬空。

2. 锤子的握法

锤子的握法有紧握法与松握法，如图 2-21 所示。

（1）紧握法　右手五指紧握锤柄，大拇指扣在食指上，虎口对准锤头方向，木柄尾端露出 15～30mm。在挥锤和锤击的过程中，五指始终紧握。

（2）松握法　大拇指和食指始终紧握锤柄。在挥锤时，小指、无名指和中指依次放松；在锤击时，又以相反的次序收拢握紧。

3. 站立姿势

錾削时，身体在台虎钳的左侧，左脚跨前半步与台虎钳中心线成 30°，左腿略弯曲，右腿习惯站立，一般与台虎钳的中心线约成 75°，两脚相距 250～300mm，如图 2-22 所示。右腿要站稳，不要过于用力。身体与台虎钳中心线成 45°，并略向前倾，保持自然。

4. 挥锤方法及要领

（1）挥锤方法　挥锤方法有腕挥、肘挥和臂挥三种，如图 2-23 所示。

腕挥是利用手腕的动作进行锤击运动，采用紧握法握锤，一般用于錾削余量较小及錾削的开始和结尾。

肘挥是手腕和肘部一起挥动做锤击动作，采用松握法握锤，因挥动幅度较大，故锤击力

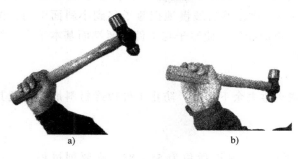

图 2-21 锤子的握法

a）紧握法 b）松握法

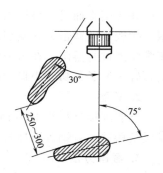

图 2-22 錾削的站立姿势

也较大，应用广泛。

臂挥 是手腕、肘和全臂一起挥动，其锤击力最大，用于需要大力錾削的场合。

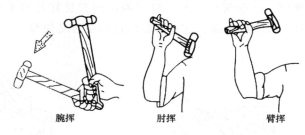

腕挥 肘挥 臂挥

图 2-23 挥锤的三种方法

（2）锤击要领 锤击时，锤子在右上方划弧线上下运动，眼睛要看在切削刃和工件之间，这样才能顺利地工作及保证产品质量。锤击要稳、准、狠，动作要有节奏，锤击的速度一般在肘挥时约为 40 次/min，腕挥时约为 50 次/min。

四、平面和油槽的錾削方法

1. 起錾

錾削时的起錾方法有斜角起錾与正面起錾两种，如图 2-24 所示。

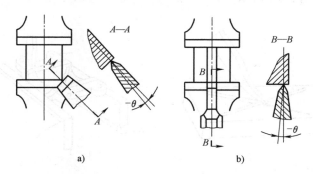

$A—A$

$-\theta$

A

$B—B$

B

$-\theta$

B

a) b)

图 2-24 起錾方法

a）斜角起錾 b）正面起錾

在錾削平面时，可以采用斜角起錾。先在工件边缘尖角处起錾，将錾子尾部略向下倾斜，用较小的锤击力先錾切出一个约45°的小斜面，然后缓慢地把錾子移到小斜面中间，按正常角度进行錾削。在錾削槽时，必须采用正面起錾，使錾子与工件起錾端面基本垂直，然后再轻敲錾子，切开小口后按正常角度錾削。

2. 终錾

当錾削接近尽头 10 ~ 15mm 时，必须调头錾去余下部分，防止工件边缘材料崩裂，尤其是錾削铸铁、青铜等脆性材料更应如此。

3. 錾削方法

（1）錾削平面　錾削平面时，一般采用扁錾，常取后角为 5°~ 8°。在錾削过程中，一般每錾削两三次后，可将錾子退回一些，稍微停顿，然后再将刃口顶住錾削处继续錾削，每次錾削材料厚度为 0.5 ~ 2mm。

在錾削较宽的平面时，当工件被切削面的宽度超过錾子切削刃的宽度时，一般要先用狭錾以适当的间隔开出工艺直槽，然后再用扁錾将槽间的凸起部分錾平，如图 2-25 所示。在錾削较窄的平面（如槽间、凸起部分）时，錾子的切削刃最好与錾子前进方向倾斜一个角度，使切削刃与工件有较大的接触面，这样在錾削过程中容易使錾子平稳，如图 2-26 所示。

图 2-25　錾削较宽的平面　　　　　　　　　　图 2-26　錾削较窄平面

（2）錾削油槽　油槽錾的切削部分应根据图样上油槽的断面形状、尺寸进行刃磨，同时在工件需錾削油槽的部位划线。

起錾时，錾子要慢慢地加深到要求尺寸，錾到尽头时刃口必须慢慢翘起，保证槽底圆滑过渡；如果在曲面上錾油槽，錾子倾斜情况应随着曲面而变动，使錾削的后角保持不变，保证錾削顺利进行，如图 2-27 所示。

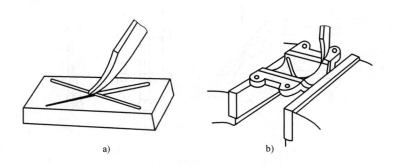

图 2-27　錾削油槽
a）在平面上錾削油槽　b）在曲面上錾削油槽

【拓展阅读】

錾切板料的方法

1. 在台虎钳上錾切

錾切时，要使板料的划线（切断线）与钳口平齐，用扁錾沿着钳口并斜对着板料（约成45°）自右向左錾切，如图2-28所示。

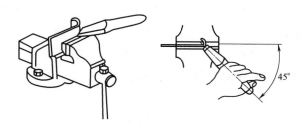

图2-28　在台虎钳上錾切

2. 在铁砧上錾切

对尺寸较大的板料或錾切线有曲线而不能在台虎钳上錾切的，可在铁砧上进行，如图2-29所示，錾切用錾子的切削刃应磨出适当的弧形，便于錾切。錾切直线段时，錾子刃宽可大些；錾切曲线时，刃宽应根据其曲率半径大小而定，以使錾痕能与曲线基本一致。

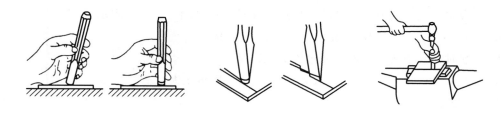

图2-29　在铁砧上錾切

3. 用密集钻孔配合錾子錾切

当工件轮廓线较复杂时，为减少工件变形，一般先按轮廓钻出密集的排孔，然后再用扁錾、狭錾逐步进行錾切，如图2-30所示。

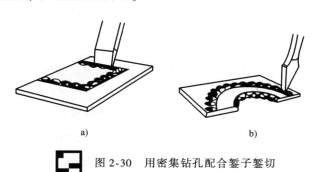

a)　　　　　　　　　　　　　　b)

图2-30　用密集钻孔配合錾子錾切

a）直线錾切　b）曲线錾切

【巩固小结】

通过本任务的实施，熟知錾子的应用和錾子的刃磨方法，能够根据图样要求，保持正确的姿势、掌握正确的錾削要领、运用正确的錾削方法与技巧进行錾削。

一、填空题

1. 用锤子锤击錾子对工件进行切削加工的操作方法称为_____。

2. 錾子一般用_____钢经锻打成形后再进行_____和刃磨而形成。

3. 钳工常用的錾子有_____、_____和_____三种。

4. 选择錾子楔角时，在保证足够_____的前提下，应尽量取_____数值。

5. 錾子_____与切削平面的夹角称为后角。

二、判断题

1. 錾削大平面时，一般采用狭錾，常取后角为 5°~8°。 （   ）

2. 扁錾和狭錾均用于錾削沟槽及分割曲线形状的板料。 （   ）

3. 为使錾削时省力，应选择较大的錾削前角。 （   ）

三、选择题

1. 錾子楔角 β_o 的大小，根据被加工材料的硬度决定。錾削较软的金属，可取 （   ），錾削较硬金属，可取 （   ）；錾削一般硬度的钢件或铸铁，可取 （   ）。

A. 30°~50°   B. 50°~60°   C. 60°~70°

2. 锤头用工具钢制成，并经淬硬处理，锤子的规格用_____表示。

A. 长度   B. 质量   C. 体积

3. 錾削时，錾子切入工件表面过深的原因是_____。

A. 前角太大   B. 楔角太大   C. 后角太大

四、简答题

1. 简述錾子的楔角与加工材料软硬的关系。

2. 简述錾削过程中常见的工件损坏现象，并分析原因。

任务三　　90°V 形铁锉削加工

【任务布置】

工、量具准备：锉刀、游标卡尺、深度千分尺、游标万能角度尺、刀口角尺等。

备料：本项目任务二工件。

任务要求：1）依据图样（图 2-31）要求制订合理的锉削加工工艺。

            2）能根据加工面形状和加工精度要求合理选用锉刀。

            3）正确使用锉刀，在规定时间内加工出合格的工件。

学时：6。

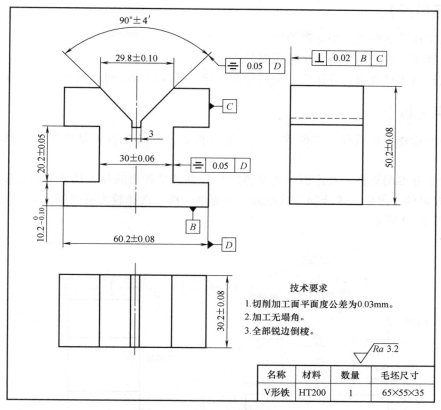

图 2-31　90°V 形铁锉削加工图

【任务评价】

90°V 形铁锉削评分标准，见表 2-3。

表 2-3　90°V 形铁锉削评分标准

项目	序号	要求	配分	评分标准	自评	互评	教师评分
工件加工	1	60.2mm ± 0.08mm	3	超差不得分			
	2	30.2mm ± 0.08mm	3	超差不得分			
	3	50.2mm ± 0.08mm	3	超差不得分			
	4	29.8mm ± 0.10mm	4	超差不得分			
	5	90° ± 4′	5	超差不得分			
	6	30mm ± 0.06mm	5	超差不得分			
	7	20.2mm ± 0.05mm	5 × 2	超差不得分			
	8	$10.2_{-0.10}^{0}$ mm	5 × 2	超差不得分			
	9	$\equiv$　0.05　D	5 × 2	超差不得分			
	10	$\perp$　0.02　B　C	5 × 3	超差不得分			
	11	Ra 为 3.2μm	1 × 12	不符合不得分			
	12	倒棱、去毛刺	5	违者酌情扣 1 ~ 5 分			
其他	13	安全文明生产	10	违者不得分			
	14	环境卫生	5	不合格不得分			
总分			100				

【任务目标】

1）熟悉锉刀的种类、用途以及锉刀的选择方法。

2）保持正确的锉削姿势，掌握正确的锉削动作要领。

3）能根据图样要求，应用已学会的锉削技能，在规定的时间内加工出合格的工件。

【任务分析】

1）备料检查。先对任务二制作的工件进行检查，看其是否满足锉削加工形状与尺寸要求。

2）锉削基准的选择。基准面（测量基准）控制其余各面的加工尺寸和位置精度，必须使其达到规定的要求后，才能加工其他面。与錾削一样，选择较大的锉削面 1 作为锉削的基准面，如图 2-32 所示。

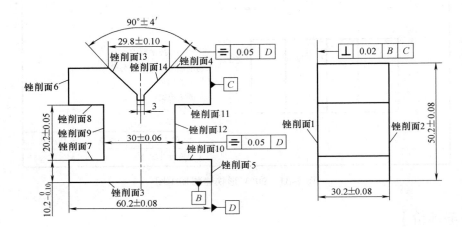

图 2-32　90°V 形铁锉削加工

3）锉削工序（图 2-32）。

① 加工锉削面 1，保证平面度误差在公差范围内，并以此为基准加工锉削面 2，保证平面度公差、尺寸及尺寸公差要求。

② 以锉削面 1 为基准加工锉削面 3，保证平面度与垂直度公差要求，然后以锉削面 3 为基准加工锉削面 4，保证平面度公差、尺寸及尺寸公差要求。

③ 以锉削面 1 为基准加工锉削面 5，保证平面度与垂直度公差要求，然后以锉削面 5 为基准加工锉削面 6，保证平面度公差、尺寸及尺寸公差要求。

④ 分层加工锉削面 7、8、9，保证平面度公差尺寸及尺寸公差要求。

⑤ 用同样的方法加工锉削面 10、11、12，保证平面度公差、尺寸及尺寸公差要求，间接保证尺寸 30mm ±0.06mm 和对称度公差要求。

⑥ 锉削加工 V 形，即加工锉削面 13、14，保证平面度公差要求、尺寸 29.8mm ±0.10mm、角度 90°±4′和对称度公差要求。

⑦ 对工件进行倒棱、去毛刺。

4）尺寸 30mm ±0.06mm 处的对称度控制是本任务的难点，可以用深度千分尺或百分表测量。90°V形铁的对称度控制是难点也是重点，可以利用标准的90°V形铁和百分表进行测量。

5）锉削过程中采用顺向锉，并使用锉刀全长切削。用粉笔涂色的方法检查锉刀与锉削表面的接触程度，及时调整锉削位置。

【安全提醒】

1）锉刀放在钳工工作台上时，锉刀柄不可露在钳工工作台外面，以防落下砸伤脚或损坏锉刀。

2）没有装柄或柄已开裂的锉刀以及没有加柄箍的锉刀不可使用。

3）锉刀不可以作为撬棒或锤子使用。锉削时锉刀柄不能撞击到工件，以免锉刀柄脱落而刺伤手。

4）切屑要用刷子清理，不能用嘴吹切屑，以防切屑飞入眼中，也不能用手清除铁屑，以防扎伤手。

【低碳环保提示】

锉削加工产生的切屑较细小，要及时清理，以免造成实训车间环境的污染。

【知识储备】

用锉刀对工件表面进行切削加工的操作方法称为锉削。锉削加工的精度可达0.01mm，表面粗糙度值Ra最小可达到0.4μm。锉削可以加工工件的内外平面、内外曲面、内外角、沟槽和各种复杂形状的表面。有些不便于机械加工的场合，仍需要锉削完成，如装配中零件的修整、模具的加工等。锉削是钳工常用的一项基本操作。

一、锉刀

1. 锉刀的结构

锉刀是锉削的主要工具，用高碳工具钢T13或T12制成，经热处理后，工作部分的硬度可达62HRC以上。目前锉刀已经标准化，其各部分的名称如图2-33所示。

2. 锉齿和锉纹

锉刀有无数个锉齿，锉削时每个锉齿相当于一把錾子对金属材料进行切削。锉刀的锉齿由铣齿法铣成或剁锉机剁成。锉齿有规则排列的图案称为锉纹。锉刀的锉纹有单齿纹和双齿纹两种，如图2-34所示。

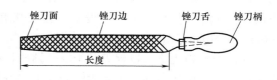

图2-33　锉刀各部分的名称

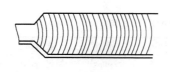

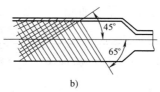

a)　　　　　　　　b)

图2-34　锉刀的锉纹

a）单齿纹　b）双齿纹

单齿纹多为铣制齿，锉削时，全齿宽参加切削，切削力大，锉齿强度弱，一般适用于锉削软材料；双齿纹大多为剁制齿，锉削时，锉屑是碎断的，切削力小，锉齿强度高，一般适用于锉削硬材料。

3. 锉刀的种类

钳工所用的锉刀按其用途不同，可分为钳工锉、异形锉和整形锉三类。

（1）钳工锉　钳工锉按其断面形状不同，可分为平锉、方锉、三角锉、半圆锉和圆锉五种，如图 2-35 所示。

平锉　　方锉　　三角锉　　半圆锉　　圆锉

图 2-35　钳工锉的断面形状

（2）异形锉　异形锉用来锉削工件特殊表面，有刀口锉、菱形锉、扁三角锉、椭圆锉和圆肚锉等，如图 2-36 所示。

（3）整形锉　整形锉主要用于修理工件上的细小部位，通常以多把为一组，每组一般为 5 把、6 把、8 把、10 把或 12 把，如图 2-37 所示。

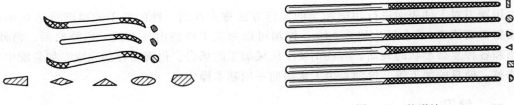

图 2-36　异形锉

图 2-37　整形锉

4. 锉刀的规格及选择

（1）锉刀的规格　锉刀的规格分为尺寸规格和锉齿的粗细规格。不同锉刀的尺寸规格用不同的参数表示。方锉的尺寸规格以方形尺寸表示，圆锉的尺寸规格以直径表示，其他锉刀的尺寸规格则以锉身长度表示。钳工常用锉刀锉身长度有 100mm、125mm、150mm、200mm、250mm、300mm 和 350mm 等。

锉齿的粗细规格，以锉刀每 10mm 轴向长度内主锉纹条数来表示。主锉纹是指锉刀上两个方向排列的深浅不同的齿纹中，起主要锉削作用的齿纹。起分屑作用的另一个方向的齿纹称为辅锉纹。锉刀按锉齿的粗细可分为 1~5 号，1 号为粗齿锉，2 号为中齿锉，3 号为细齿锉，4 号为双细齿锉，5 号为油光锉，见表 2-4。

表 2-4　锉刀锉齿的粗细选用

锉刀	号数	锉纹齿距/mm	齿数	适用场合		
				锉削余量/mm	尺寸精度/mm	表面粗糙度值/μm
粗齿锉	1 号	0.8~2.3	4.5~12	0.5~1.0	0.2~0.5	50~12.5
中齿锉	2 号	0.42~0.77	13~24	0.2~0.5	0.05~0.20	6.3~3.2

（续）

锉刀	号数	锉纹齿距/mm	齿数	适用场合		
				锉削余量/mm	尺寸精度/mm	表面粗糙度值/μm
细齿锉	3号	0.25~0.33	30~40	0.02~0.05	0.02~0.05	6.3~1.6
双细齿锉	4号	0.2~0.25	40~50	0.03~0.05	0.01~0.02	3.2~0.8
油光锉	5号	0.16~0.2	50~63	0.03以下	0.01	0.8~0.4

（2）锉刀的选择

1）锉刀断面形状的选择。锉刀断面形状应根据工件加工表面的形状来选择，如图2-38所示。

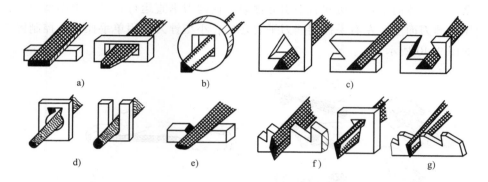

图2-38　锉刀断面形状的选择

a）平锉　b）方锉　c）三角锉　d）圆锉　e）半圆锉　f）菱形锉　g）刀口锉

2）锉齿粗细的选择。锉齿粗细应根据工件材料的性质、加工余量的大小、加工精度和表面质量要求来选择。一般材料软、加工余量大、加工精度和表面质量要求低的工件选用粗齿，反之则选用细齿。

5. 锉刀柄的装卸

普通锉刀必须装上木柄后才能使用。安装锉刀柄前，应先检查安装端上的铁箍是否脱落，铁箍主要用于防止锉刀舌插入后松动或刀柄裂开。安装时左手扶住刀柄，右手将锉刀扶正，逐步镦紧或用锤子击打，直至锉刀舌插入木柄长度的3/4为止；拆卸手柄可以在台虎钳上进行，也可在工作台边进行，将木柄敲松后取下，如图2-39所示。

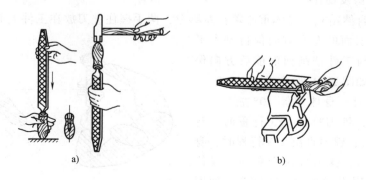

图2-39　锉刀柄的装卸

a）装锉刀柄　b）拆卸锉刀柄

二、锉削姿势和锉削方法

锉削姿势正确与否，对锉削质量、锉削力量的发挥及疲劳程度都有一定的影响。锉削姿势是否正确，体现在锉刀的握法、站立姿势和锉削用力等方面。

1. 锉刀的握法

锉刀的形状和大小不同，锉刀的握法也不同。对于较大锉刀（250mm 以上），应右手紧握锉刀柄，使柄端顶在大拇指根部，大拇指压在锉刀柄的上部，其余四指向手心弯曲紧握锉刀柄，左手的握法灵活，要保证右手推动锉刀时，锉刀保持水平；对于中型锉刀（200mm 左右），右手的握法与较大锉刀相同，左手用大拇指根部的肌肉压在锉刀头上，大拇指自然伸直，其余四指自然向下弯，协同右手引导锉刀，使锉刀平直运行；对于中小型锉刀，左手四指指面压在锉刀面上，左右手控制锉刀平直运行；小型锉刀可用单手操作，控制锉刀的运行轨迹，如图 2-40 所示。

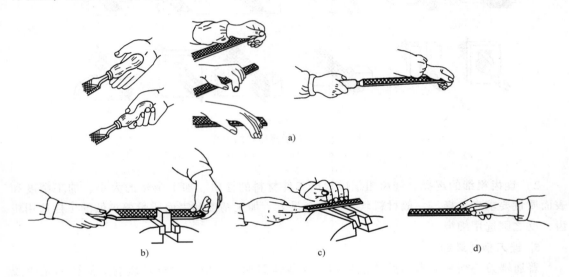

图 2-40 锉刀的握法

a）较大锉刀的握法 b）中型锉刀的握法 c）中小型锉刀的握法 d）小型锉刀的握法

2. 站立姿势及动作

锉削时要自然站立，身体重心落在左脚上，两手握住锉刀放在工件上面，左臂弯曲，左小臂与工件锉削面的左右方向保持基本平行，右小臂要与工件锉削面的前后方向保持基本平行，如图 2-41 所示。

锉削开始时，身体前倾 10°左右，右肘尽量向后缩；锉刀推出 1/3 行程时，身体前倾 15°左右；锉刀推出 2/3 行程时，身体前倾 18°左右；锉刀推出全程时，身体随锉刀的反作用力退回至 15°位置，如图 2-42 所示。行程结束后，左腿自然伸直并

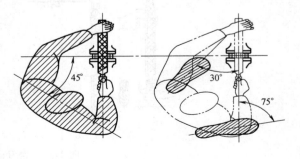

图 2-41 锉削时的站立姿势

随着锉削时的反作用力将身体恢复原位，并顺势将锉刀收回。

　图 2-42　锉削时的动作

3. 锉削用力和锉削速度

为了能锉出平直的平面，必须使锉刀保持平直锉削运动。锉削时，以工件为支撑点，掌握两端力的平衡，即右手的压力随锉刀的推动而逐渐增加，左手的压力随锉刀的推动而逐渐减小。回程时，不加压力，以减少锉齿的磨损，如图 2-43 所示。

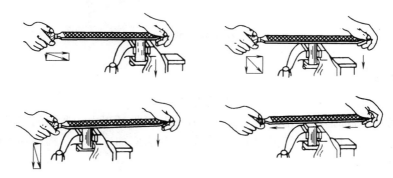

图 2-43　锉削时的用力方法

锉削的速度要根据加工工件的大小、软硬程度以及锉刀规格等具体情况而定，一般为40 次/min 左右，推出锉刀时速度稍慢，回程时稍快。

三、平面锉削的方法

1. 顺向锉

顺向锉时，锉刀运动方向与工作夹持方向始终一致，如图 2-44 所示，在每锉完一次返回时，锉刀横向移动，再进行下一次锉削。顺向锉具有锉痕一致、清晰、美观和表面粗糙度值较小的特点，主要适用于面积不大的平面以及精锉或最后锉光。

2. 交叉锉

它是从两个以上不同方向交替交叉锉削的方法，如图 2-45 所示。交叉锉时，锉刀与工件的接触面较大，锉刀锉削平稳；经交叉锉后，往往锉削表面的平面度较好，但表面质量稍差。交叉锉一般适用于粗锉。

3. 推锉

它是用两手对称横握锉刀，用大拇指推动锉刀，顺着工件长度方向进行锉削的方法，如

图 2-46 所示。推锉效率低，适用于锉削加工余量小的工件或修正尺寸。

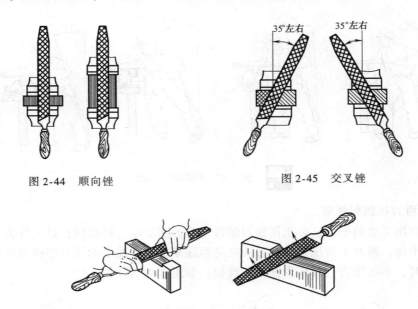

图 2-44　顺向锉　　　　　　　图 2-45　交叉锉

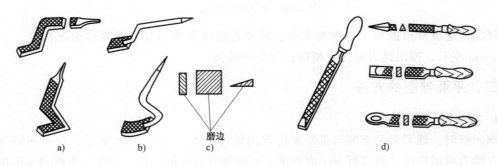

图 2-46　推锉

【拓展阅读】

锉刀的奇妙用法

钳工常用的锉刀都是标准化的加工工具。在实际操作过程中，通用的锉刀不能完全满足加工要求，此时可以对锉刀进行再加工修磨，以满足实际加工需求，提高加工效率。锉刀的再加工方法及作用如下：

磨边

a)　　　　　b)　　　c)　　　　　　　d)

图 2-47　锉刀的再加工利用
a）弯曲　b）焊接　c）磨边　d）磨头

1）弯曲。用于锉削凹陷部分的平面、弧面、圆角等，如图 2-47a 所示。在弯曲过程中，可以在弯曲处部分退火，能弯成各种形状，然后再进行热处理。

2）焊接。用于锉削部分被遮挡的、难加工的平面、弧面、圆角等。利用焊接的方法能灵活定制专用的锉削工具，如图 2-47b 所示。

3）磨边。用于锉削有清角需求的工件。刃磨锉刀一侧，保证用锉刀一侧面加工工件时，其他锉刀面不碰伤已加工表面，满足加工要求，如图 2-47c 所示。加工表面质量要求高的工件时，可以用磨石修磨锉刀侧面。

4）磨头。刃磨锉刀的头部形成切削刃，用于锉削或刮削平面、弧面，如图 2-47d 所示。如把三角锉刀刃磨成三角刮刀，用来刮削曲面；把平锉刀刃磨成平面刮刀，用来刮削各种平面。

【巩固小结】

通过本任务的实施，熟悉锉刀的结构、种类、规格，能够根据加工对象的形状、大小、精度要求合理地选用锉刀，能够根据图样要求，保持正确的锉削姿势、掌握正确的锉削要领、运用正确的锉削方法与技巧进行锉削。

一、填空题

1. 钳工所用锉刀按其用途不同，可分为_____锉、_____锉和_____锉三类。

2. 锉刀用高碳工具钢_____或_____制成，经热处理后工作部分硬度达_____。

3. 锉刀规格分为_____规格和_____规格两种。方锉的尺寸规格以_____表示；圆锉的尺寸规格以_____表示；其他锉刀的尺寸规格则以_____表示。

4. 锉齿的粗细规格以锉刀每_____mm 轴向长度内_____的条数表示。

二、判断题

1. 锉削钢铁等硬材料时，应选用单齿纹锉刀或细齿锉刀。　　　　　　　　（　　）

2. 锉刀放置时避免与其他金属硬物相碰，也不能堆叠，避免损伤锉纹。　（　　）

3. 锉削时不能用嘴吹切屑，以防切屑飞入眼中。　　　　　　　　　　　（　　）

4. 使用新锉刀时，两面要轮换使用。　　　　　　　　　　　　　　　　（　　）

三、选择题

1. 锉削的尺寸精度可达（　　　）mm。

A. 0.10　　　　　B. 0.05　　　　　C. 0.01

2. 锉削的速度，要根据加工工件大小、软硬程度以及锉刀规格等具体情况而定，一般应在（　　　）次/min 左右。

A. 4　　　　　　B. 40　　　　　　C. 100

四、简答题

1. 简述锉刀的规格及选用方法。

2. 简述锉削过程中会出现哪些问题，并分析其原因。

任务四　90°V 形铁刮削加工

【任务布置】

工、量具准备：常用量具、刮刀、显示剂、研磨平板等。

备料：本项目任务三工件。

任务要求：1）依据图样（图 2-48）要求制订合理的加工工艺。

　　　　　2）合理选用刮刀，能够依据图样要求正确进行刮削加工。

学时：3。

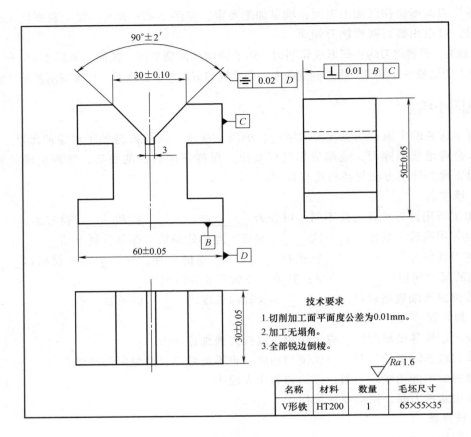

图 2-48 90°V 形铁刮削加工图

【任务评价】

90°V 形铁刮削评分标准，见表 2-5。

表 2-5 90°V 形铁刮削评分标准

项目	序号	要求	配分	评分标准	自评	互评	教师评分
工件加工	1	60mm ± 0.05mm	5	超差不得分			
	2	50mm ± 0.05mm	5	超差不得分			
	3	30mm ± 0.05mm	5	超差不得分			
	4	30mm ± 0.10mm	5	超差不得分			
	5	90° ± 2′	8	超差不得分			
	6	⊜ 0.02 D	5	超差不得分			
	7	⊥ 0.01 B C	5×3	超差不得分			
	8	刮削点数	2×8	12~15 点/(25×25) mm², 达不到要求不得分			
	9	刮削痕迹	2×8	刀迹要清晰、规则,视质量评分			
	10	倒棱、去毛刺	5	违者酌情扣1~5分			
其他	11	安全文明生产	10	违者不得分			
	12	环境卫生	5	不合格不得分			
		总分	100				

【任务目标】

1）熟悉刮刀的种类、用途以及刮刀的选择方法。

2）保持正确的刮削姿势，掌握正确的刮削动作要领，会进行刮削操作。

3）掌握刮削和研磨的精度检验方法。

【任务分析】

1）备料检查。本任务备料为任务三制作的工件，外形尺寸为 60.2mm × 50.2mm × 30.2mm，检查其外形是否满足刮削加工形状与尺寸要求。

2）刮削基准的选择。与锉削一样，选择较大的刮削面 1 作为刮削的基准面，如图 2-49 所示。

3）刮削工序（图 2-49）。

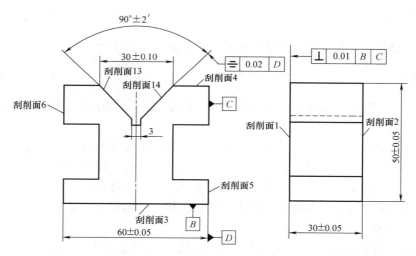

图 2-49　90°V形铁刮削加工

① 加工刮削面 1，保证平面度误差在公差范围内，并以此为基准加工刮削面 2，保证尺寸 30mm ± 0.05mm 和平面度公差要求。

② 以刮削面 1 为基准，加工刮削面 3，保证平面度与垂直度公差要求，然后以刮削面 3 为基准加工刮削面 4，保证尺寸 50mm ± 0.05mm 和平面度公差要求。

③ 以刮削面 1 为基准加工刮削面 5，保证平面度与垂直度公差要求，以刮削面 5 为基准加工刮削面 6，保证尺寸 60mm ± 0.05mm 和平面度公差要求。

④ 刮削加工 V 形，即加工刮削面 13、14，保证平面度公差尺寸 30mm ± 0.10mm、角度尺寸 90° ± 2′ 和对称度公差要求。

⑤ 对工件进行倒棱、去毛刺。

4）每研点刮削一次后应改变刮削方向，可以交叉进行，使刮削表面的质量更好，也便于在和标准平板进行研点时，显点更清楚。

5）每次和标准平板进行研点前，标准平板和刮削表面都要擦拭干净，以避免细刮、精刮研点时有划痕。

【安全提醒】

1）进入车间后，首先要熟悉刮削操作规程和文明生产要求，穿好工作服。

2）在用磨石刃磨刮刀时，要注意用力，以免打滑后割伤手。

3）每次刮削后妥善放置和保管刮刀。

【低碳环保提示】

1）刮削加工过程中的显示剂要及时清理，并放在封闭的容器中，以免造成对实训车间环境的污染。

2）在刮削过程中，要使用校准工具配研，校准工具面会粘上显示剂，校准工具不用时，尽可能安放在同一位置，且使有显示剂一面朝上，避免对环境造成污染。

3）刮削使用的清洁抹布上有显示剂，不能随意处置，以免造成二次污染。

【知识储备】

刮削与研磨是钳工加工中非常重要的精加工方法，应用十分广泛。

一、刮削

用刮刀刮除工件表面上的薄层，从而提高加工精度，以满足使用要求的加工方法称为刮削。

1. 刮削原理

刮削工作主要应用于机床导轨及相配合表面、滑动轴承接触表面、工量具的接触面及密封表面等。刮削时，先在工件与校准工具或工件与其配合件之间的配合面上涂上显示剂，经相互对研后显出工件表面高点，然后用刮刀刮去高点。刮削过程中，刮刀对工件还有推挤和压光作用。如此反复地显示和刮削，使工件的加工精度达到预定的要求。

2. 刮削的工具

刮刀一般用碳素钢 T10A 、T12A 或弹性好的轴承钢 GCr15 锻制而成，硬度可达 60HRC 左右。刮削经淬火的硬工件时，可用硬质合金刮刀。

（1）刮刀　刮刀分为平面刮刀和曲面刮刀两大类。

1）平面刮刀。平面刮刀用来刮削平面和外曲面。平面刮刀又分为普通刮刀和活头刮刀两种。普通刮刀按所刮表面精度不同，又分为粗刮刀、细刮刀和精刮刀三种，如图 2-50 所示。

2）曲面刮刀。曲面刮刀用来刮削内曲面，如滑动轴承的内孔等。常用的曲面刮刀有三角刮刀、柳叶刮刀和蛇头刮刀等，如图 2-51 所示。

（2）校准工具　校准工具是用来推磨研点和检查被刮面准确性的工具，也称为研具。常用的校准工具有校准平板、校准直尺、角度直尺、校研曲面用的研磨棒以及根据被刮面形状设

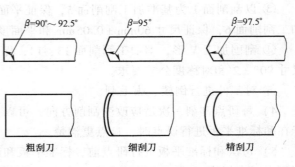

图 2-50　普通刮刀

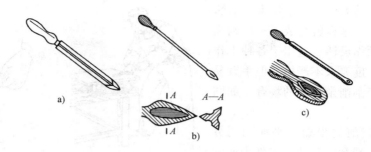

图 2-51　曲面刮刀

a）三角刮刀　b）柳叶刮刀　c）蛇头刮刀

计制造的专用校准型板等，如图 2-52 所示。

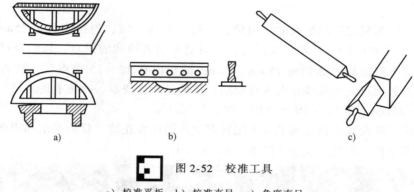

图 2-52　校准工具

a）校准平板　b）校准直尺　c）角度直尺

3. 显示剂

显示剂主要用于工件与校准工具的对研，其作用是清晰地显示出工件表面上的高点。常用的显示剂有红丹粉（主要用于钢和铸铁）和普鲁士蓝油（主要用于非铁金属）。

调和与使用显示剂时应注意：粗刮时，显示剂调得稀些，涂在校准工具表面，且涂得较厚，这样显点较暗淡，大而少；精刮时，显示剂调得稠些，薄而均匀地涂抹在零件表面，显点细小清晰，便于提高刮削精度。

4. 刮削方法及精度检验

刮削主要分为平面刮削和曲面刮削。

（1）平面刮削的方法

平面刮削的方法有挺刮法和手刮法两种。

1）挺刮法。将刮刀柄放在小腹右下侧，左手在前，手掌向下，右手在后，手掌向上，距刀头 50~80mm 处握住刀身。刮削时刀头对准研点，左手下压，右手控制刀头方向，利用腿部和臀部力量，使刮刀向前推动，随着研点被刮削的瞬间，双手利用刮刀的反弹作用迅速提起刀头约 10mm。挺刮法每刀切削量较大，适合大余量刮削，工作效率较高，但腰部易疲劳，如图 2-53a 所示。

2）手刮法。右手提刀柄，左手握刀身，距刀头 50~70mm，刮刀与被刮表面成 25°~30°。左脚向前跨一步，身体重心靠向左腿。刮削时右臂利用上身摆动向前推，左手向下压，并引导刮刀的运动方向，在下压推挤的瞬间迅速抬起刮刀，这样就完成了一次刮削运动。手刮法动作灵活，适用于各种工作位置，对刮刀长度要求不严格，但手臂易疲劳，不适用于刮削余量大的场合，如图2-53b 所示。

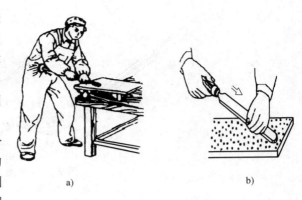

图 2-53　平面刮削的方法
a）挺刮法　b）手刮法

（2）平面刮削的步骤　平面刮削分为粗刮、细刮、精刮、刮花。工件表面的刮削方向应与前道工序的刀痕交叉，每刮削一遍后，涂上显示剂，用校准工具配研，以显示出高点，然后再刮掉，如此反复进行。

粗刮时，用粗刮刀在刮削面上均匀铲去一层较厚的金属，当粗刮到每 25mm × 25mm 的面积内有 2～3 个点时转入细刮。细刮时，用细刮刀刮去块状的研点，目的是进一步改善不平现象，在整个刮削面上达到每 25mm × 25mm 面积内有 12～15 个点时，转入精刮。精刮时，用精刮刀采用点刮法对准显点进行刮削，目的是增加研点、改善表面质量。当研点增加至每 25mm × 25mm 面积内有 20 个点以上时，精刮结束。

刮花是在刮削面或机械外观表面上用刮刀刮出装饰性花纹，目的是增加表面美观度，形成良好的润滑条件。常见刮花的花纹如图 2-54 所示。

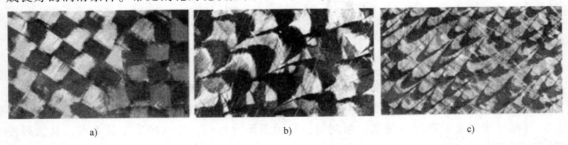

图 2-54　常见刮花的花纹
a）斜花纹　b）鱼鳞纹　c）燕子纹

（3）曲面刮削的原理　曲面刮削的原理与平面刮削的原理一样，但在使用刀具和刮削方法上略有不同。

二、研磨

用研磨工具和研磨剂，从工件上研去一层极薄表面层的精加工方法称为研磨。经研磨后的表面粗糙度 Ra 值可达到 $0.8～0.05\mu m$。

1. 研磨原理

研磨的基本原理包含着物理和化学的综合作用。

（1）物理作用　研磨时要求研具材料比被研磨的工件软，这样受到一定压力后，研磨剂中微小磨料被压嵌在研具表面上。这些细微的磨料具有较高的硬度，像无数切削刃，通过研具与工件的相对运动，这些小磨料对工件进行微量切削。

（2）化学作用　研磨剂使得与空气接触的工件表面很快形成一层极薄的氧化膜，这些氧化膜很容易被研磨。在研磨过程中，氧化膜不断形成，又不断地被磨掉，经过这样多次反复，工件表面质量、几何形状达到预定要求的同时，工件的耐磨性、耐蚀性和疲劳强度都得到相应的提高。

研磨是微量切削，每研磨一遍所能磨去的金属层厚度不超过 0.02mm，因此研磨余量不应太大，一般为 0.05～0.30mm 比较适宜。

2. 研磨工具

（1）研具材料　在研磨加工中，研具是保证研磨工件几何形状正确的主要因素，因此研具的材料组织要细致均匀，要有很高的稳定性，表面粗糙度值要小。常用研具材料有灰铸铁、球墨铸铁、软钢和铜等。

（2）研磨平板　研磨平板主要用来研磨平面，如研磨量块、精密量具的平面等。它分为有槽平板和光滑平板两种，前者用于粗研，后者用于精研，如图 2-55 所示。

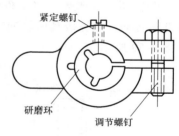

图 2-55　研磨平板

a）有槽平板　b）光滑平板

图 2-56　研磨环

（3）研磨环　研磨环主要用来研磨外圆柱表面。研磨环的内径应比工件的大径大0.025～0.05mm。研磨一段时间后，研磨环内孔会增大，拧紧调节螺钉，可缩小其孔径使其达到所需间隙，如图 2-56 所示。

（4）研磨棒　研磨棒主要用于圆柱孔的研磨，如图 2-57 所示。图 2-57a、b 所示为固定研磨棒，制造容易，磨损后无法补偿，多用于单件研磨和机修中。图 2-57b 所示为带槽的研磨棒，用于粗研磨。图 2-57c 所示为可调研磨棒，能在一定尺寸范围内进行调节，适用于成批生产中孔的研磨。

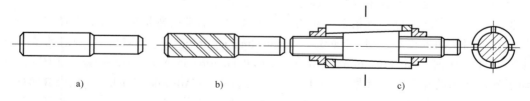

图 2-57　研磨棒

3. 研磨剂

研磨剂是由磨料、研磨液和辅料调和而成的混合剂。

（1）磨料　磨料在研磨中起切削作用。研磨工作的效率、工件的精度和表面质量都与磨料有密切的关系。

（2）研磨液　研磨液在研磨中起调和磨料、冷却和润滑作用。常用的研磨液有煤油、汽油、10 号与 20 号机油、工业用甘油、汽轮机油及熟猪油等。

（3）辅料　在磨料和研磨液中加入适量的石蜡、蜂蜡等填料以及黏性较大而氧化作用强的油酸、脂肪酸、硬脂酸和工业甘油等，即可配成研磨剂或研磨膏。一般工厂采用成品研磨膏，使用时加机油稀释即可。

4. 研磨方法

研磨分为平面研磨和圆柱面研磨等。

（1）平面研磨　研磨前，先清洗待研磨表面并擦干，再在研磨平板上涂上适当的研磨剂，且涂得薄而均匀，然后将工件研磨面扣合其上并施加一定的压力进行研磨。研磨时，可按螺旋形轨迹或仿"8"字形轨迹进行，如图 2-58 所示。

（2）圆柱面研磨　将工件装夹在机床主轴上做低速转动，手握研具做轴向往复运动进行研磨，如图 2-59 所示。

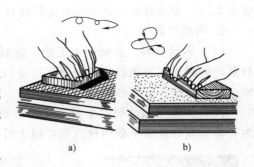

图 2-58　平面研磨

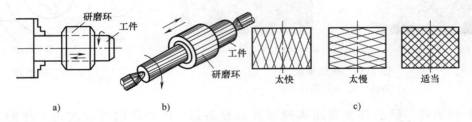

图 2-59　圆柱面研磨

【拓展阅读】

精密与超精密加工技术

精密与超精密加工是指加工精度和表面质量达到极高程度的精密加工，是适应现代技术发展的一种机械加工新工艺，是现代制造技术中最活跃的因素，也是衡量现代制造技术水平的重要指标之一，是世界各主要发达国家致力发展的方向。

世界发达国家均十分重视精密与超精密加工技术。纳米制造是超精密加工最前沿的课题美国启动了国家纳米技术计划（National Nanotechnology Initiative，NNI），英国启动了多学科纳米研究合作计划（Interdisciplinary Research Collaboration in Nanote-Chnology，IRC），日本启动了先进技术的探索研究计划（Exploratory Research for Advanled Technology，ERATO）。

目前，国际知名超精密加工研究单位与企业主要有美国劳伦斯·利弗莫尔国家实验室和莫尔公司、英国克兰菲尔德大学和泰勒公司、德国蔡司公司和库格勒公司、日本东芝机械、丰田工机和不二越公司等，国内主要的研究单位有北京机床研究所、清华大学、哈尔滨工业大学、中国科学院长春光机所应用光学重点实验室、大连理工大学和浙江工业大学等。

精度 $0.1 \sim 1\mu m$，Ra 值 $0.10\mu m$ 以下属于精密加工；精度 $0.1\mu m$ 以下，Ra 值 $0.02\mu m$ 以下属于超精密加工；精度低于 $0.001\mu m$，Ra 值小于 $0.005\mu m$ 属于纳米加工。常见的超精

密加工有超精密切削（车削、铣削）、超精密磨削、超精密研磨和抛光、微细（超微细，纳米）加工。

超精密加工必须具备以下几个条件。

1）要有超精密切削刀具、刀具材料。

2）要有超精密加工设备。

3）要有超精密加工环境控制（包括恒温、隔振、洁净控制等）。

4）要有超精密加工的测控技术。

精密与超精密加工技术应用范围日趋广泛，在高技术领域和军用工业以及民用工业中都有广泛应用。

【巩固小结】

通过本任务的实施，熟悉刮削的方法与原理，能够选用合理的刮刀、用正确的刮削方法进行刮削加工；同时对研磨原理、研磨工具、研磨剂、研磨方法做了介绍。

一、填空题

1. 刮削分为_____刮削和_____刮削两种。经过刮削的工件能获得很高的_____精度、几何精度、_____精度和很小的_____。

2. 刮削一般分为_____刮、_____刮、_____刮和刮花。

3. 研磨的基本原理包含着_____和_____的综合作用。

4. 研磨可使工件获得很高的_____精度、_____精度和_____表面粗糙度值。

二、判断题

1. 研磨后尺寸精度可达0.01～0.05mm。 （   ）

2. 刮削具有切削量大、切削力大、产生热量大、装夹变形大等特点。 （   ）

3. 粗刮的目的是增加研点，改善表面质量，使刮削面符合精度要求。 （   ）

4. 有槽的研磨平板用于精研，光滑的研磨平板用于粗研。 （   ）

三、选择题

1. 刮削中，刮刀对工件还有推挤和（   ）作用。

A. 切削   B. 切割   C. 压光

2. 研磨中起调和磨料、冷却和润滑作用的是（   ）。

A. 磨料   B. 研磨液   C. 研磨剂

3. 研具材料应比被研磨的工件材料（   ）。

A. 软   B. 硬   C. 软或硬

四、简答题

1. 简述刮削和研磨的原理。

2. 简述刮削过程，并对刮削过程中易产生的问题进行分析。

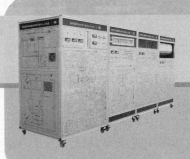

项目三

台虎钳制作

任务一　钳身锯削加工

【任务布置】

工、量具准备：高度游标尺、游标卡尺、V形铁、刀口角尺、锯弓和锯条等。

备料：45钢圆钢料（$\phi 45\mathrm{mm} \times 115\mathrm{mm}$）。

任务要求：1）严格遵守锯削操作要领。

2）锯削尺寸达到图样（图3-1）要求，锯削各面平面度公差达到0.8mm。

3）锯削平面不得用锉刀和砂轮加工，锐边去毛刺。

4）测量完尺寸106mm、51mm尺寸后方可分离两件。

学时：6。

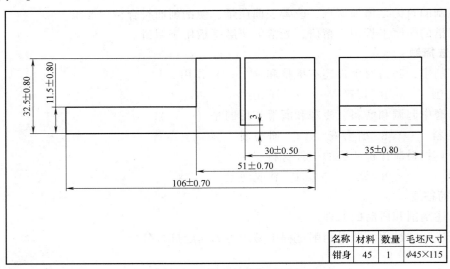

名称	材料	数量	毛坯尺寸
钳身	45	1	$\phi 45 \times 115$

图3-1　钳身锯削加工图

【任务评价】

钳身锯削加工评分标准，见表3-1。

表 3-1 钳身锯削加工评分标准

项目	序号	要求	配分	评分标准	自评	互评	教师评分
工件加工	1	106mm ± 0.70mm	3	超差不得分			
	2	35mm ± 0.80mm	3	超差不得分			
	3	32.5mm ± 0.80mm	3	超差不得分			
	4	11.5mm ± 0.80mm	3	超差不得分			
	5	30mm ± 0.50mm	3	超差不得分			
	6	51mm ± 0.70mm	3	超差不得分			
	7	3mm	2	不符合不得分			
	8	平面度公差 0.8mm	5 × 10	超差不得分			
	9	锯削断面纹路整齐	5	不合格一处扣2分			
	10	操作步骤、姿势准确	5	不合格不得分			
	11	倒棱、去毛刺	5	违者酌情扣1～5分			
其他	12	安全文明生产	10	违者不得分			
	13	环境卫生	5	不合格不得分			
总分			100				

【任务目标】

1）能根据不同材料正确选用锯条，并正确装夹。

2）能采取正确的锯削姿势进行锯削。

3）能正确分析锯削时产生的问题及其原因。

【任务分析】

1）操作准备。

① 工、量具准备。根据任务要求选择锯弓和锯条。要求锯弓没有变形，锯弓两端安装锯条的固定销侧面在同一平面上。安装锯条时，锯齿朝正前方。

② 检查来料。检查来料是否变形、有缺陷，来料长度与直径是否满足加工要求。

2）划线。利用 V 形铁先划互相垂直的中心线，如图 3-2 所示。划互相垂直的中心线时，可充分利用分度头进行分度，没有分度头时，一定要用角尺靠正，以保证垂直度。划线时，要充分考虑锯缝大小，保证加工尺寸，锯缝一般为 1mm。

以相互垂直的中心线为基准，分别划出相距 35mm 和 32.5mm 的两边线，如图 3-2所示。

3）锯削。先锯削一个端面作为长度基准面，且保证零件总长不少于 106mm。

先锯掉 1 与 2 部分，保证 35mm，再划线锯掉 3、4 部分，保证 11.5mm、32.5mm、51mm，如图 3-3 所示。在加工过程中应随时观察，及时纠正，同时使锯削行程保持速度均匀，返回行程的速度可相对快些。

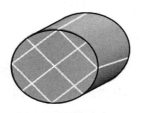

图 3-2 划线示意图

划线锯削零件右侧面，保证总长 106mm，然后再划线锯削锯缝，保证长度 30mm 和锯缝离下平面的高度 3mm。

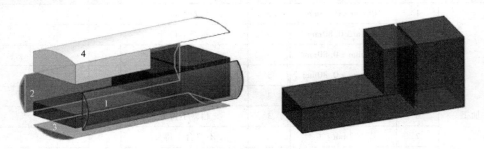

图 3-3　锯削示意图

4）锯削完毕，将锯弓上的张紧螺母适当放松，无需拆下锯条。

5）自评检测后上交工件，测量完 106mm 和 51mm 尺寸后方可分离两件，再测量锯缝平面度误差。

【安全提醒】

1）锯条安装松紧适当，安装后应无扭曲现象，过紧时锯条容易崩断。

2）锯削时，要控制好速度和用力；及时纠正锯路，使得锯缝不偏斜，同时防止锯条突然折断，对人体造成伤害。

3）工件即将锯断时，用力趋缓，并用左手扶住要断落的工件，防止工件断落时造成伤害。

【低碳环保提示】

1）锯削时，尽可能使锯条全程参加切削，延长锯条的使用寿命。

2）废锯条不可乱扔，可以加工成裁纸刀、刻纸刀、清除地面上口香糖的小铲刀等小工具。

3）在锯削过程中，要尽可能提高加工精度、减少材料的备用量、提高材料的利用率。

【知识储备】

锯削是根据图样的尺寸要求，用手锯锯断金属材料（或工件）或在工件上进行切槽的操作方法。锯削是钳工的基本技能之一。

一、手锯

手锯由锯弓和锯条两部分组成。

1. 锯弓

锯弓是用来安装锯条的，有固定式和可调式两种，如图 3-4 所示。固定式锯弓只能安装一种长度的锯条。可调式锯弓的安装距离可以调节，能安装不同长度的锯条。锯弓两端装有夹头，可以根据使用要求进行方向调整。当锯条正确安装至夹头销子上，即可旋紧手持端的蝶形螺母拉紧锯条。

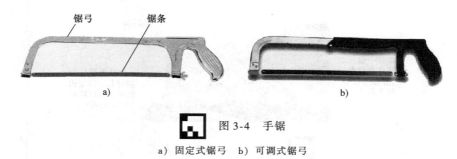

图 3-4　手锯

a）固定式锯弓　b）可调式锯弓

2. 锯条

（1）材料　锯条常用优质碳素工具钢 T10A 或 T12A 制成，经热处理后硬度可达 60～64HRC。目前，还有一种用高速钢制成的锯条，具有更高的硬度、韧性和耐热性，但成本较高。

（2）规格　锯条的规格主要包括长度与齿距。

长度是指锯条两端安装孔的中心距，一般有 100mm、200mm、300mm 等，常用的是长度为 300mm 的锯条。

齿距是两相邻齿对应点间的距离。按照齿距大小，锯条可分为细齿（1.1mm）、中齿（1.4mm）、粗齿（1.8mm）三种。

（3）锯齿角度　常用锯条的前角 γ 为 0°，后角 α 为 40°～50°，楔角 β 为 45°～50°，如图 3-5 所示。

（4）锯路　锯条的锯齿按一定的规律左右错开排列成一定的形状，从而形成锯路。常见的锯路有交叉形与波浪形，如图 3-6 所示。锯路在锯削过程中十分重要，它的存在减少了锯条两侧与工件间的摩擦，有利于排屑，减少了锯条的磨损。

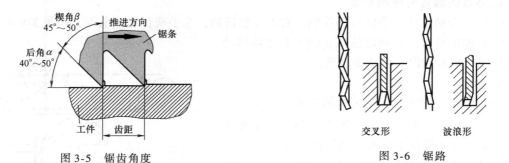

图 3-5　锯齿角度　　　　　　图 3-6　锯路

（5）锯条的粗细选择　锯条的粗细选择由工件材料的硬度和厚度决定。锯削软且较厚的材料（如纯铜、青铜、铝、铸铁、低碳钢和中碳钢等）时应选用粗齿锯条；锯削硬或薄的材料（如工具钢、合金钢、各种管子、薄板料、角铁等）时应选用中齿或细齿锯条。

二、锯削

1. 工件的夹持

工件的夹持方式，如图 3-7 所示。工件夹持要牢固可靠。为了避免工件夹坏或夹变形，必要时在钳口上增加软钳口。

工件一般应夹持在台虎钳的左面，便于操作

工件伸出钳口不应过长，应使锯缝离开钳口侧面20mm左右

图 3-7　工件的夹持方式

2. 锯条的安装

安装锯条时，要使锯齿向前，才能保证锯条正常锯削，如图 3-8 所示。另外，安装锯条要松紧适当，太紧时锯条受力太大，在锯削中用力稍有不当，就会折断；太松则锯削时锯条容易扭曲，锯缝容易歪斜，锯条也易折断。其松紧程度以用手扳动锯条感觉硬实即可。安装锯条后，要保证锯条平面与锯弓中心平面平行。

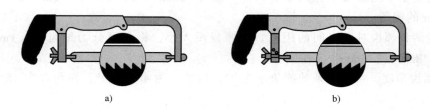

a)　　　　　　　　　　　　b)

图 3-8　锯条的安装

a）正确　b）不正确

3. 手锯的握法与锯削姿势

（1）手锯的握法　手臂自然舒展，右手握稳锯柄，左手扶住锯弓前端，如图 3-9 所示。

（2）锯削姿势　锯削时的站立位置和身体摆动姿势与锉削基本相似，摆动要自然。

4. 锯削

（1）起锯　起锯是锯削工作的开始，起锯质量的好坏直接影响锯削质量。起锯不正确，会使锯条跳出锯缝，将工件拉毛或者引起锯齿崩裂。

起锯方法有远起锯和近起锯两种，如图 3-10所示。一般情况下采用远起锯较好，因为这种方法逐步切入材料，锯齿不易卡住，起锯也较方便。

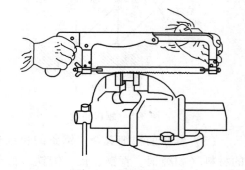

图 3-9　手锯的握法

起锯角一般为 15°左右，如图 3-11 所示。如果起锯角太大，锯齿会被工件棱边卡住，引起崩齿；起锯角太小，不易切入材料，多次起锯往往容易发生偏离，影响表面质量。

起锯时，左手大拇指靠住锯条，使锯条能正确地锯在所需要的位置上，行程要短，压力要小，速度要慢，如图 3-11 所示。

 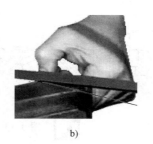

a)   b)

图 3-10 起锯方法

a）远起锯 b）近起锯

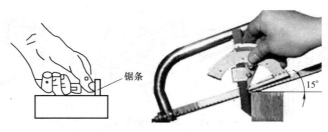

图 3-11 起锯角与起锯方法

起锯后锯到槽深 2～3mm，锯条已不会滑出槽外时，左手大拇指可离开锯条，扶正锯弓逐渐使锯缝向后（向前）成为水平，然后往下正常锯削。正常锯削时应使锯条的全部有效齿在每次行程中都参加锯削。

（2）压力控制　锯削运动时，推力和压力由右手控制，左手主要配合右手扶正锯弓，压力不要过大。手锯推出时为切削行程施加压力，返回行程不切削不加压力做自然拉回。工件将锯断时压力要小。

（3）运动和速度　锯削运动一般采用小幅度的上下摆动式运动，就是手锯推进时，身体略向前倾，双手压向手锯的同时，左手上翘、右手下压；回程时右手上抬、左手自然跟回。要求锯缝底面平直的锯削，必须采用直线运动。

锯削运动的速度一般为 20～40 次/min。

【拓展阅读】

不同锯削方法

（1）锯削管子　对于薄壁管子和精加工过的管子，应夹持在有 V 形槽的两木衬垫之间，以防将管子夹扁和夹坏表面，如图 3-12 所示。锯削薄壁管子可以先在一个方向锯到管子内壁处，然后把管子向推锯的方向转过一定角度，连接原锯缝再锯到管子的内壁处，改变方向不断转锯，直到锯断为止，如图 3-12 所示。

（2）锯削薄板料　锯削时尽可能从宽面上锯下去，当只能在薄板料的狭面上锯下去时，可用两块木板夹持锯削，也可以把薄板料直接夹持在台虎钳上，用手锯做横向斜推锯，如图 3-13 所示。

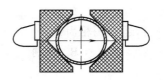

图 3-12 管子的夹持和锯削方法

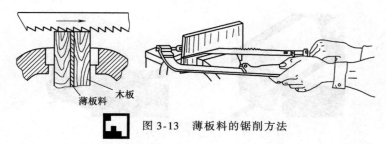

图 3-13　薄板料的锯削方法

（3）锯削深缝　当锯缝的深度超过锯弓的高度时，可灵活变换锯弓位置进行锯削，如图 3-14 所示。

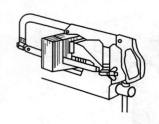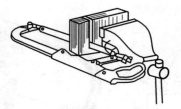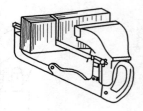

图 3-14　深缝的锯削方法

【巩固小结】

通过本任务的实施，能够熟知锯条、锯条的安装、锯削等相关知识，能用正确的锯削姿势进行锯削。

一、填空题

1. 手锯由_____和_____两部分组成。

2. 锯削的作用是锯断各种材料或在工件上_____。

3. 锯路有_____和_____两种，其作用是_____。

4. 起锯的方法有_____起锯和_____起锯两种。一般情况下要采用_____起锯。

5. 锯削管子和薄板料时，必须使用_____锯条。

二、判断题

1. 锯条的长度是指两端安装孔的中心距，钳工常用的是长度为 300mm 的锯条。（　　）

2. 锯削硬材料应选择细齿锯条。（　　）

3. 锯削管子和薄板料时，必须用粗齿锯条，否则会因齿距小于板厚或壁厚，使锯齿被勾住而折断。（　　）

三、选择题

1. 锯条锯齿的前角为（　　）。

A. 0°　　　　　　　　　B. 40°　　　　　　　　　C. 50°

2. 下列（　　）适合用粗齿锯条。

A. 合金钢　　　　　　　B. 青铜　　　　　　　　C. 薄壁管子

四、简答题

1. 锯削时，如何合理地选用不同规格的锯条？

2. 安装锯条时应注意哪些问题？

3. 分析锯削过程中锯条折断的主要原因。

任务二　钳身锉削加工

【任务布置】

工、量具准备：常用量具和各种锉刀等。

备料：本项目任务一工件。

任务要求：1）按图3-15加工固定钳身（件1）和活动钳身（件2），达到图样要求。

　　　　　2）锐边倒角。

学时：6。

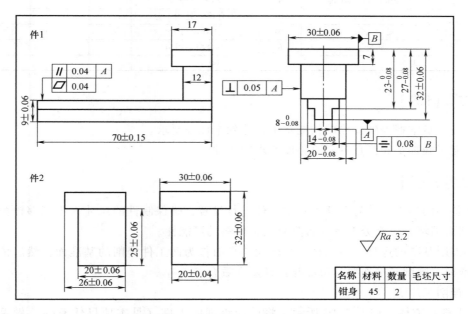

图 3-15　钳身锉削加工图

【任务评价】

钳身锉削评分标准，见表3-2。

表 3-2　钳身锉削评分标准

项目	序号	要求	配分	评分标准	自评	互评	教师评分
件1	1	70mm ± 0.15mm	3	超差不得分			
	2	32mm ± 0.06mm	3	超差不得分			
	3	30mm ± 0.06mm	3	超差不得分			
	4	$20 _{-0.08}^{\ 0}$ mm	4	超差不得分			
	5	$14 _{-0.08}^{\ 0}$ mm	4	超差不得分			

（续）

项目	序号	要求	配分	评分标准	自评	互评	教师评分
件1	6	$8_{-0.08}^{0}$ mm	4	超差不得分			
	7	9mm ± 0.06mm	4	超差不得分			
	8	$27_{-0.08}^{0}$ mm	4	超差不得分			
	9	$23_{-0.08}^{0}$ mm	4	超差不得分			
	10	⌒ | 0.08 | B	5	超差不得分			
	11	⊥ | 0.05 | A	5	超差不得分			
	13	▱ | 0.04	5	超差不得分			
	14	// | 0.04 | A	5	超差不得分			
件2	15	32mm ± 0.06mm	3	超差不得分			
	16	30mm ± 0.06mm	3	超差不得分			
	17	26mm ± 0.06mm	4	超差不得分			
	18	25mm ± 0.06mm	4	超差不得分			
	19	20mm ± 0.06mm	4	超差不得分			
	20	20mm ± 0.04mm	4	超差不得分			
其他	21	Ra 为 3.2μm	10	不合格一处扣1分			
	22	安全文明生产	10	违者不得分			
	23	环境卫生	5	不合格不得分			
总分			100				

【任务目标】

1）进一步掌握锉削操作的技能水平，达到本任务要求。

2）能正确加工和测量具有对称度要求的工件。

【任务分析】

1）备料的检查。首先对任务一中工件进行检查，确保制件的尺寸大小能够锉削。若工件因锯削而损坏，应充分考虑是否具有找正借料的可能性。

2）锉削基准的选择。各选择一个较大的平面作为两工件锉削的基准面，然后依次选择其他基准面，锉削基准面要尽可能与设计基准重合。

3）锉削工序。

① 锉削长方体，如图 3-16 所示。将前面锯削的工件（见本项目任务一）做毛坯。先粗、精加工出一组垂直面作为基准，再加工平行面，保证尺寸 70mm ± 0.15mm、32mm ± 0.06mm、30mm ± 0.06mm 和 26mm ± 0.06 和几何公差要求。

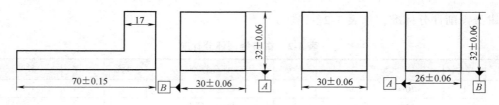

图 3-16 锉削长方体

② 锉削钳身，如图 3-17 所示。加工固定钳身外形，重点保证固定钳身的导轨高度尺寸 9mm ± 0.06mm，并要求达到平面度 0.04mm 和平行度 0.04mm 的公差要求。加工中要注意

对称度的测量和尺寸的保证。先加工 8mm 的凸台，再加工 14 mm 的凸台，最后加工 20mm 的凸台，这样加工可以始终以 *B* 面为基准。

　　加工活动钳身时，要求外形对称，同时要保证尺寸精度，要经常检查加工面的平行度情况。

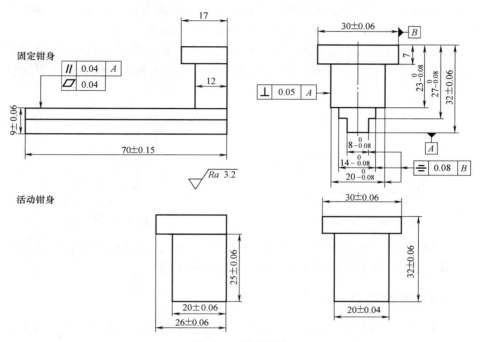

图 3-17　锉削钳身

　　4）正确使用工、量具，并做到安全文明生产。

【安全提醒】

　　1）锉刀必须装柄使用，以免刺伤手腕。锉刀柄松动应装紧后再使用。锉削时锉刀柄不要撞击工件，以免锉刀飞出伤人。

　　2）锉屑时禁止用手摸锉过的表面，因手有油污，锉削时易打滑。

　　3）锉削面较为狭窄时，锉削时要十分细心，以防碰伤手指。

【低碳环保提示】

　　1）旧的锉刀不要丢弃，可以刃磨成刮刀做刮削的刀具。

　　2）锉削后形成的切屑较多，要及时清理。

　　3）加工过程中，要根据零件形状与尺寸合理选择锉刀。

【知识储备】

　　零件在加工过程中，会产生或大或小的形状和位置误差（简称形位误差）。它们会影响机器、仪器、仪表、刀具、量具等各种机械产品的工作精度、连接强度、运动平衡性、密封性、耐磨性和使用寿命等，甚至还与机器在工作时的噪声大小有关。因此，应对形状和位置加以限制。

一、几何公差

经过加工的零件，除了会产生尺寸误差外，也会产生形状和位置误差。

形状误差是指加工后实际表面形状对理想表面形状的误差。如图 3-18 所示的小轴，加工后双点画线表示的表面形状对理想表面形状产生了形状误差。

位置误差是指零件的各表面之间、轴线之间或表面与轴线之间的实际相对位置对理想相对位置的误差。如图 3-19 所示的轴，小直径的圆柱轴线与大直径的圆柱轴线不同轴，产生了位置误差。

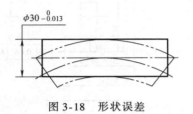

图 3-18　形状误差　　　　　　　　　　图 3-19　位置误差

形状误差和位置误差都会影响零件的使用性能。因此，对一些零件的重要工作面和轴线，常规定其形状和位置误差的最大允许值，称为几何公差。

二、几何公差的项目及符号

在技术图样中，几何公差应采用代号标注。当无法采用代号标注时，允许在技术要求中用文字说明。

几何公差代号包括几何公差有关项目的符号、几何公差框格、指引线、几何公差数值和其他有关符号及基准符号。几何公差的项目和符号见表 3-3。

表 3-3　几何公差的项目和符号

分　类	项　目	符　号	分　类	项　目	符　号
形状公差	直线度	一	方向公差	平行度	∥
	平面度	▱		垂直度	⊥
	圆度	○		倾斜度	∠
	圆柱度	⌀	位置公差	同轴度	◎
形状、方向或位置公差	线轮廓度	⌒		对称度	=
				位置度	⊕
	面轮廓度	⌒	跳动公差	圆跳动	↗
				全跳动	↗↗

三、常见几何误差的检测方法

1. 直线度与平面度误差的检测方法

（1）刀口形直尺和塞尺检测　钳工加工过程中通常采用刀口形直尺与塞尺检测直线度和平面度误差。可以通过透光法来检测锉削面的直线度与平面度误差，如图 3-20a 所示。

在工件检测面上，迎着亮光，观察刀口形直尺与工件表面间的缝隙，若较均匀，有微弱的光线通过，则平面平直；若两端光线极微弱，中间光线很强，则工件表面中间凹，误差值取检测部位中的最大直线度误差值，如图 3-20b 所示；若中间光线极弱，两端光线较强，则工件表面中间凸，其误差值应取两端检测部位中最大直线度的误差值，如图 3-20c 所示。

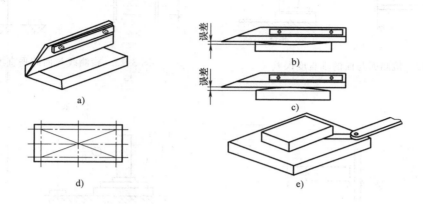

图 3-20　直线度和平面度误差的检测方法

检测有一定宽度的平面时，要使检查位置合理、全面，通常采用"米"字形逐一检测整个平面，如图 3-20d 所示。另外，也可以采用在标准平板上用塞尺检测的方法，如图 3-20e所示。

（2）百分表检测　检测时，将百分表置于检测面，在检测范围内移动百分表，所测到的最大值与最小值的差值即为直线度或平面度误差。

2. 垂直度误差的检测方法

（1）直角尺和塞尺检测　钳工检测垂直度误差时，直角尺与塞尺可配合使用。测量垂直度误差前，先用锉刀将工件的锐边去毛刺、倒钝。如图 3-21a 所示，测量时先将直角尺的测量面紧贴工件基准面，逐步从上向下轻轻移动至直角尺的测量面与工件被测面接触，平视观察其透光情况，也可用塞尺进行检测。如图 3-21b 所示，检测时直角尺不可斜放，否则得不到正确的检测结果。

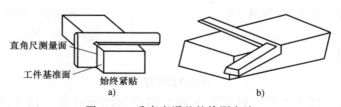

图 3-21　垂直度误差的检测方法

（2）百分表检测　百分表可以检测面与面、线与面、面与线的垂直度误差，如图 3-22 ~ 图 3-24 所示。

3. 对称度误差的检测方法

（1）千分尺检测　测量被测表面与基准表面的尺寸 A 与 B，其差值之半为对称度误差值，即 $\Delta = (A - B)/2$，如图 3-25 所示。

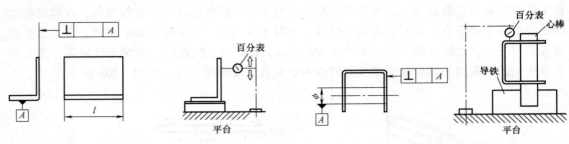

图 3-22　检测面与面的垂直度误差　　　　　图 3-23　检测线与面的垂直度误差

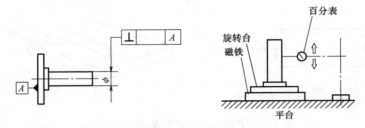

图 3-24　检测面与线的垂直度误差

（2）百分表检测　如图 3-26 所示，检测时被测平面放在平板上，以平板表面作为基准平面，先用百分表测出表面Ⅰ与平板表面之间的距离，再将被测工件翻转 180°，按同样的方法测出表面Ⅱ与平板表面之间的距离，被测两表面对应点最大读数差的绝对值即为对称度误差。

图 3-25　用千分尺检测对称度误差　　　　　图 3-26　用百分表检测对称度误差

【拓展阅读】

曲面锉削方法

曲面锉削主要应用于配键、机械加工较为困难的曲面件加工以及增加工件外形的美观性。

（1）锉削外圆弧面的方法　锉削外圆弧面所用的锉刀均为扁锉。锉削时锉刀要同时完成两个运动，即前进动动和绕工件圆弧中心的转动。锉削外圆弧面的方法有横着圆弧面锉削（用于外圆弧面粗加工）和顺着圆弧面锉削（用于外圆弧面精加工），如图 3-27 所示。

（2）锉削内圆弧面的方法　锉削内圆弧面时，锉刀要同时完成三个运动，即前进运动、随圆弧面向左或向右移动、绕锉刀中心线运动，如图 3-28 所示。

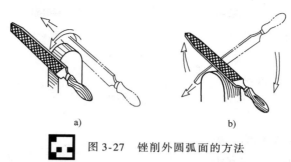

图 3-27 锉削外圆弧面的方法

a) 横着圆弧面锉削 b) 顺着圆弧面锉削

曲面形体的线轮廓度通常是用半径样板通过塞尺（或透光法）进行检测，如图 3-29 所示。

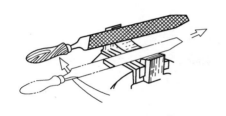

图 3-28 锉削内圆弧面的方法

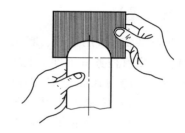

图 3-29 用半径样板检测曲面形体的线轮廓度

加工平面与曲面时，一般情况下应先加工平面，再加工曲面，便于曲面与平面圆滑连接。

【巩固小结】

通过本任务的实施，对几何公差的概念有所了解，熟悉几何公差项目符号的含义，能熟练运用各种方法对直线度、平面度、垂直度、对称度误差进行检测，进一步巩固钳工锉削加工的方法与技巧。

一、填空题

1. 经过加工的零件，除了会产生尺寸误差外，也会产生表面_____和_____误差。

2. 形状误差是指加工后_____表面形状对_____表面形状的误差。

3. 位置误差是指零件的_____之间、_____之间或_____之间的实际相对位置对理想相对位置的误差。

4. 几何公差代号包括几何公差有关_____、_____、_____、几何公差数值和其他有关符号及基准符号。

二、判断题

1. 形状误差和位置误差都会影响零件的使用性能。 （ ）

2. 形状公差一定要有基准。 （ ）

3. 检测平面度误差通常采用"透光法"。 （ ）

三、选择题

1. 下列属于形状公差的是（　　　）。

    A. 同轴度　　　　B. 位置度　　　　C. 圆柱度

2. 下列属于位置公差的是（　　　）。

    A. 直线度　　　　B. 圆度　　　　C. 对称度

四、简答题

1. 简述对称度误差的检测方法。

2. 简述垂直度误差的检测方法。

任务三　钳身、底板孔加工

【任务布置】

工、量具准备：常用量具、麻花钻、锪孔钻、铰刀等。

备料：本项目任务 = 工件、毛坯 40mm × 40mm × 4mm。

任务要求：1）ϕ10mm 孔口倒角 C1。

          2）按图 3-30 所示加工孔。

          3）活动钳身内腔按固定钳身尺寸配作，间隙≤0.08mm。

学时：2。

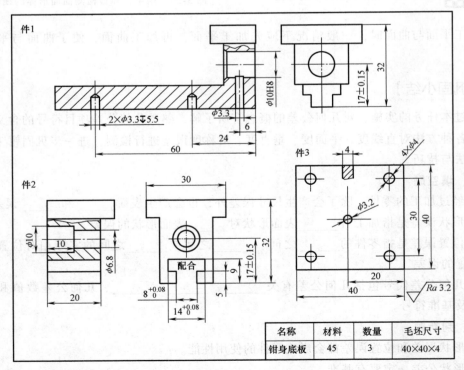

名称	材料	数量	毛坯尺寸
钳身底板	45	3	40×40×4

图 3-30　钳身、底板孔加工图

【任务评价】

钳身、底板孔加工评分标准，见表 3-4

表 3-4 钳身、底板孔加工评分标准

项目	序号	要求	配分	评分标准	自评	互评	教师评分
件 1	1	$2 \times \phi 3.3mm \downarrow 5.5mm$	3	不符合不得分			
	2	$\phi 3.3mm$	2	不符合不得分			
	3	6mm	5	不符合不得分			
	4	24mm	5	不符合不得分			
	5	60mm	5	不符合不得分			
	6	$\phi 10H8$	5	超差不得分			
	7	$17mm \pm 0.15mm$	5	超差不得分			
件 2	8	$\phi 6.8mm$	3	不符合不得分			
	9	$\phi 10mm$	3	不符合不得分			
	10	10mm	5	不符合不得分			
	11	$17mm \pm 0.15mm$	5	超差不得分			
	12	$8^{+0.08}_{0}mm$	5	超差不得分			
	13	$14^{+0.08}_{0}mm$	5	超差不得分			
件 3	14	$\phi 4mm$	4×4	不符合不得分			
	15	$\phi 3.2mm$	3	不符合不得分			
	16	30mm	5	不符合不得分			
	17	20mm	5	不符合不得分			
其他	18	安全文明生产	10	违者不得分			
	19	环境卫生	5	不合格不得分			
总分			100				

【任务目标】

1）掌握麻花钻的结构、工件的夹持、划线、打样冲眼方法。

2）熟悉麻花钻结构，掌握钻孔、扩孔、锪孔和铰孔技能。

3）能遵守钻孔的安全文明生产规则。

【任务分析】

1）来料检查。对任务二工件进行尺寸复检，明确两工件三个方向的基准面。

2）固定钳身孔加工（件 1）。

① 划线。划线（图 3-31）、打样冲眼。

图 3-31 固定钳身孔加工

② 钻孔。用机用平口钳装夹，在台式钻床上加工不通孔（$\phi 3.3mm$）和通孔（$\phi 9.8mm$），并进行孔口倒角。注意：起钻方法应正确，一旦发生偏移，及时借正；孔要钻通时，要减少用力，防止扎刀。

③ 铰孔。用 $\phi 10H8$ 铰刀精铰通孔，可加适量机油。注意：铰刀不可反转和回转，要一

铰到底。

3）活动钳身孔加工（件2），如图3-32所示。

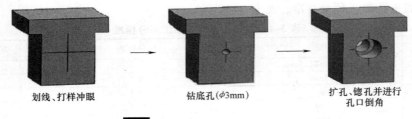

划线、打样冲眼　　　　钻底孔(ϕ3mm)　　　　扩孔、锪孔并进行
　　　　　　　　　　　　　　　　　　　　　　　孔口倒角

图 3-32　活动钳身孔加工

4）活动钳身内腔加工，如图3-33所示。

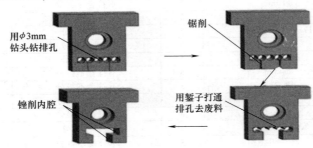

用ϕ3mm　　　　　　　　　　锯削
钻头钻排孔

锉削内腔　　　　　　　　用錾子打通
　　　　　　　　　　　排孔去废料

图 3-33　活动钳身内腔加工

5）底板孔加工。先用锉刀对 40mm×40mm×4mm 的薄板进行修正加工，保证侧面无毛刺，然后划线钻孔（ϕ4mm、ϕ3.2mm）并进行孔口倒角。

6）若钻削大于 ϕ30mm 的孔，应分两次钻削，第一次先钻一个直径较小的孔（为加工孔径的 0.5～0.7 倍），第二次用钻头将孔扩大到所要求的直径。

【安全提醒】

1）操作钻床时不可戴手套，袖口必须扎紧，女同学把头发挽在工作帽内。

2）开动钻床前，应检查钻轴上是否有钻夹头钥匙或斜铁。

3）操作者的头部不要与旋转着的主轴靠得太近。停车时应让主轴自然停止，禁止用手制动，也不能用反转制动。

4）清洁钻床或加注润滑油时，必须切断钻床电源。

【低碳环保提示】

1）适时加切削液可以冷却钻头，提高钻孔质量和延长钻头寿命。

2）磨损的钻头一般不要丢弃，可以再次刃磨使用。

3）在钻削过程中，特别是钻深孔时，要经常退出钻头以排出切屑和进行冷却，以防钻头因切屑堵塞或过热而磨损甚至折断，影响加工质量。

【知识储备】

孔的加工方法有很多，可以通过铸造、锻造直接获得，也可以通过冲压成形、镗削、车削、铣削、拉削、磨削等金属加工方法获得。钳工常用的孔加工方法是钻孔、扩孔、锪孔和铰孔。

一、钻孔

用钻头（最常用的是麻花钻）在材料上加工出孔的方法称为钻孔。钻孔达到的标准公差等级一般为 IT11～IT10 级，表面粗糙度值 Ra 为 50～12.5μm。

1. 麻花钻

麻花钻一般用高速钢（W18Cr4V 或 W9Cr4V2）制成，淬火后硬度为 62～68HRC，结构如图 3-34 所示。柄部是钻头夹持部分，用以夹持定心和传递动力，有锥柄和直柄两种。一般直径小于 13mm 的钻头做成直柄，直径大于 13mm 的钻头做成锥柄。颈部用来刻印钻头规格、材料和商标等。工作部分又分为切削部分和导向部分。切削部分由主切削刃、横刃、副切削刃、前刀面、副后刀面和后刀面组成。

2. 麻花钻的装夹与拆卸

1）直柄麻花钻的装夹与拆卸（图 3-35）。直柄麻花钻用钻夹头夹持。先将麻花钻柄部塞入钻夹头的三个卡爪内，夹持长度不小于 15mm，然后用钻夹头钥匙旋转外套，使环形螺母带动三个卡爪移动，将麻花钻夹紧；反之，则可松开麻花钻。

2）锥柄麻花钻的装夹与拆卸（图 3-36）。锥柄麻花钻的柄部莫氏锥体直接与钻床主轴连接。连接时必须将锥柄和主轴锥孔擦干净，且使矩形舌部的方向与主轴上腰形孔的中心线方向一致，利用加速冲力一次装接。当钻头锥柄小于主轴锥孔时，可加钻头套连接。拆卸时，可用斜铁敲入套筒或钻床主轴上的腰形孔内，斜铁带圆弧的一边要放在上面，利用斜铁斜面的张紧分力，使麻花钻与套筒或主轴分离。

麻花钻在钻床主轴上应保证装夹牢固，且在旋转时径向圆跳动最小。

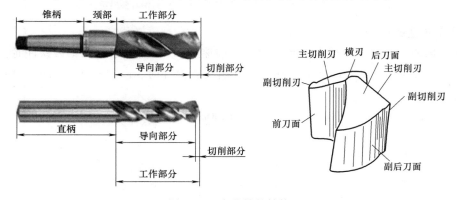

图 3-34　麻花钻的结构

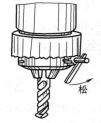

图 3-35　直柄麻花钻的装夹与拆卸

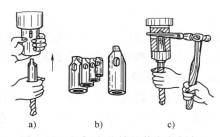

图 3-36　锥柄麻花钻的装夹与拆卸

3. 工件的夹持

钻孔时应根据钻孔直径和工件的形状及大小的不同，采用合适的夹持方法，以确保钻孔质量及安全生产。常见的工件夹持方法如图 3-37 所示。

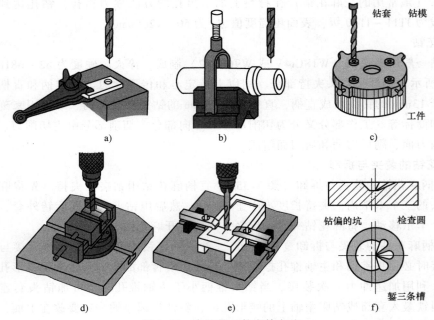

图 3-37　常见的工件夹持方法

a）用手虎钳夹持　b）用 V 形块夹持　c）钻模
d）用台虎钳夹持　e）用压板螺钉夹持　f）钻偏时錾槽矫正

4. 钻床转速的选择

选择钻床转速时首先要确定钻头的允许切削速度 v。用高速钢钻头钻铸铁件时，$v = 14 \sim 22\text{m/min}$；钻钢件时，$v = 16 \sim 24\text{m/min}$；钻青铜或黄铜件时，$v = 30 \sim 60\text{m/min}$。钻床转速 n 可用下式计算

$$n = \frac{1000v}{\pi d}$$

式中　v——切削速度（m/min）；

　　　d——钻头直径（mm）；

　　　n——钻床转速（r/mm）。

5. 钻削

钻孔时，先使钻头对准钻孔中心起钻出一浅坑，观察钻孔位置是否准确，不准确要不断校正，直到正确为止。当确定钻孔位置后，应压紧工件进行钻削。钻削时应经常性退钻排屑，以免切屑阻塞而导致钻头折断。孔将钻透时，必须减小进给力，以防发生事故。

6. 冷却和润滑

由于加工材料和加工要求不一，所用切削液的种类和作用也不一样。钻孔一般属于粗加工，又是半封闭状态加工，摩擦严重，散热困难，注入切削液的目的应以冷却为主。

在高强度材料上钻孔时，因钻头前刀面要承受较大的压力，要求润滑膜有足够的强度，

以减少摩擦和钻削阻力。在塑性、韧性较好的材料上钻孔，要求加强润滑作用，在切削液中可加入适当的动物油和矿物油。孔的精度要求较高和表面粗糙度值要求很小时，应选用主要起润滑作用的切削液，如煤油、猪油等。

钻各种材料所用的切削液见表3-5。

表 3-5 钻各种材料所用的切削液

工件材料	切削液（质量分数）
各类结构钢	3%~5%乳化液,7%硫化乳化液
不锈钢,耐热钢	3%肥皂水溶液加2%亚麻油水溶液,硫化切削油
纯铜,黄铜,青铜	不用,5%~8%乳化液
铸铁	不用,5%~8%乳化液,煤油
铝合金	不用,5%~8%乳化液,煤油,煤油与柴油的混合油
有机玻璃	5%~8%乳化液,煤油

二、扩孔

扩孔是用扩孔钻（或麻花钻）对工件已有孔进行扩大加工的方法。扩孔达到的标准公差等级一般为 IT10~IT9 级，表面粗糙度值 Ra 为 12.5~3.2μm。扩孔的加工余量一般为0.2~4mm。

钻孔时钻头的所有切削刃都参与工作，切削阻力非常大，特别是钻头横刃为负的刃倾角，而且横刃相对轴线总是不对称，易引起钻头的摆动，所以钻孔精度很低。扩孔时钻头只有最外周的切削刃参与切削，切削阻力大大减小，而且由于没有横刃，钻头可以浮动定心，所以扩孔的精度远远高于钻孔。

扩孔时也可用麻花钻扩孔。当孔精度要求较高时常用扩孔钻扩孔。扩孔钻的形状与麻花钻相似，不同的是扩孔钻有 3~4 个切削刃，且没有横刃，其顶端是平的，螺旋槽较浅，故钻心粗实、刚性好，不易变形，导向性好，如图 3-38 所示。

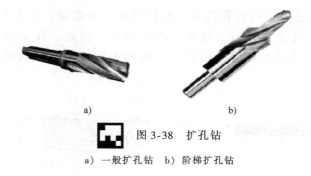

a) b)

图 3-38 扩孔钻

a）一般扩孔钻 b）阶梯扩孔钻

三、锪孔

锪孔是指用锪孔钻锪平孔端面或加工出沉孔的方法，如图 3-39 所示。锪孔的目的是为了保证孔端面与孔中心线的垂直度，以便与孔连接的零件位置正确，连接可靠。

常见的锪孔钻如图 3-40 所示。

四、铰孔

铰孔是用铰刀从工件壁上切除微量金属层，以提高孔的尺寸精度和表面质量的加工方法。铰孔是应用较普遍的孔的精加工方法之一，其可达到的标准公差等级为 IT9~IT7 级，

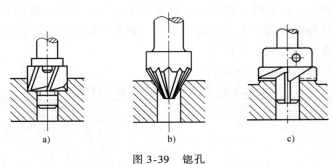

图 3-39　锪孔

a) 锪柱形沉孔　b) 锪锥形沉孔　c) 锪孔端面

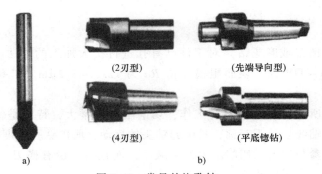

(2刃型)　　　　　(先端导向型)

(4刃型)　　　　　(平底锪钻)

a)　　　　　　　b)

图 3-40　常见的锪孔钻

a) 锥形锪孔钻　b) 柱形锪孔钻

表面粗糙度值 Ra 为 $3.2 \sim 0.8\mu m$。

1. 铰刀的种类

铰孔分为手工铰孔和机用铰孔两种。孔径较小或小批量、单件生产时，通常用手工铰孔；孔径较大或大批量生产时，通常用机用铰孔。因此，铰刀也分为手用铰刀和机用铰刀两种。常用的铰刀有普通手用铰刀、可调手用铰刀、直柄机用铰刀和锥柄机用铰刀，如图 3-41 所示。

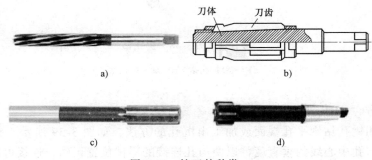

图 3-41　铰刀的种类

a) 普通手用铰刀　b) 可调手用铰刀

c) 直柄机用铰刀　d) 锥柄机用铰刀

2. 铰削余量

铰削余量是指上道工序（钻孔或扩孔）留下来的在直径方向上的待加工量。铰削余量与孔径大小、工件材料、尺寸精度、表面粗糙度要求、铰刀类型等有关表 3-6 中列出了铰削余量的推荐值。

表 3-6　铰削余量的推荐值

铰孔直径/mm	<5	5 ~ 20	21 ~ 32	33 ~ 50	51 ~ 70
铰削余量/mm	0.1 ~ 0.2	0.2 ~ 0.3	0.3	0.5	0.8

3. 铰刀齿数的选择

标准铰刀有 4 ~ 12 齿。铰刀的齿数除与铰刀直径有关外，主要根据加工精度的要求来选择。齿数过多，刀具的制造和重磨都比较麻烦，而且会因齿间容屑槽减小导致切屑堵塞、划伤孔壁甚至折断铰刀；齿数过少，则铰削时的稳定性差，刀齿的切削负荷增大，容易产生几何误差。铰刀齿数可按表 3-7 选择。

表 3-7　铰刀齿数的选择

铰刀直径/mm		1.5 ~ 3	4 ~ 14	15 ~ 40	>40
齿数	一般加工精度	4	4	6	8
	高加工精度	4	6	8	10 ~ 12

4. 手工铰孔方法

铰削时，两手用力要平衡，按顺时针方向转动铰刀并略微用力下压，铰刀不得摇摆，不得逆时针方向转动。

铰削时，转动速度要适当、均匀，并不断地加入切削液，铰刀不能在同一处停歇，以免造成铰削振痕。

铰削完成后，铰刀仍应顺时针方向转动退出，不能反转退出。

【拓展阅读】

标准麻花钻的刃磨

标准麻花钻的刃磨要求：顶角 2ϕ 为 118°±2°，孔缘处的后角 α_o 为 10° ~ 14°，横刃斜角 ψ 为 50° ~ 55°，两主切削刃长度以及和钻头轴线组成的两个角要相等，两个主后刀面要刃磨光滑，如图 3-42 所示。这里运用四句口诀来指导刃磨过程，效果较好。

口诀一：刃口摆平轮面靠。这是指钻头与砂轮的相对位置。这里的"刃口"是指主切削刃；"摆平"是指被刃磨部分的主切削刃处于水平位置；"轮面"是指砂轮的表面；"靠"是指慢慢靠拢，此时钻头还不能接触砂轮。

口诀二：钻轴斜放出锋角。这是指钻头轴线与砂轮表面之间的位置关系。"锋角"即顶角的一半，约为 60°，其直接影响钻头顶角大小及主切削刃形状和横刃斜角。

口诀三：由刃向背磨后面。这是指从钻头的刃口开始沿着整个后刀面缓慢刃磨，以便于散热。此时钻头可轻轻接触砂轮，进行较少量的刃磨，刃磨时要观察火花的均匀性，及时调整压力大小，并注意钻头的冷却。

口诀四：上下摆动尾别翘。"上下摆动"不能变成"上下转动"，否则会使钻头的另一主切削刃被破坏；同时钻头的尾部不能高翘于砂轮水平中心线以上，否则会使刃口磨钝，无法切削，如图 3-43 所示。

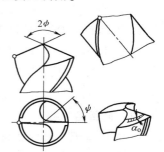

图 3-42　标准麻花钻的刃磨角度

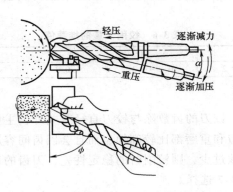

图 3-43　钻头刃磨时与砂轮的相对位置

【巩固小结】

通过本任务的实施，熟悉麻花钻、扩孔钻、锪孔钻、铰刀，能熟练掌握钻孔、扩孔、锪孔、铰孔的操作要领。

一、填空题

1. 扩孔达到的标准公差等级一般为_____，表面粗糙度值 Ra 一般为_____。

2. 一般铰孔可达到的标准公差等级为_____，表面粗糙度值 Ra 可达_____。

3. 麻花钻主切削刃上的前角大小是_____，外缘处_____，内缘处_____。

4. 标准麻花钻顶角 $2\phi =$ _____，横刃斜角 $\psi =$ _____，且两主切削刃成_____。

二、判断题

1. 在钻床上钻孔，主运动为工件的旋转运动；在车床上钻孔，主运动也是工件的旋转运动。　　　　　　　　　　　　　　　　　　　　　　　　　　　　（　　）

2. 钻孔时，通常加切削液的目的应以润滑为主。　　　　　　　　　　　（　　）

3. 钻孔时的进给量要选择合理，孔即将钻透时，应增大进给力。　　　（　　）

4. 铰削时，为了便于断屑和排屑，铰刀应反转。　　　　　　　　　　　（　　）

三、选择题

1. 钻头直径小于 13mm 时，夹持部分一般做成（　　）。

　　A. 直柄　　　　B. 莫氏锥柄　　　　C. 直柄或锥柄

2. 手用铰刀刀齿在刀体圆周上是（　　）分布的。

　　A. 均匀　　　　B. 不均匀　　　　C. 均匀或不均匀

3. 手工铰孔时，铰刀每次停歇的位置应当是（　　）。

　　A. 相同　　　　B. 不相同　　　　C. 任意位置

四、简答题

1. 为什么扩孔的精度高于钻孔？

2. 在一钻床上钻削 $\phi20mm$ 的孔，选择钻床转速为 600r/min，求钻削时的切削速度。

任务四　　攻、套螺纹

【任务布置】

工、量具准备：常用量具、丝锥、板牙、铰杠、板牙架等。

备料：本项目任务三工件、$\phi 7.8\text{mm} \times 8\text{mm}$ 圆钢、$\phi 3.9\text{mm} \times 62\text{mm}$ 圆钢。

任务要求：1）正确使用攻、套螺纹工具加工图 3-44 所示螺纹。

　　　　　2）螺纹质量达到要求。

学时：1。

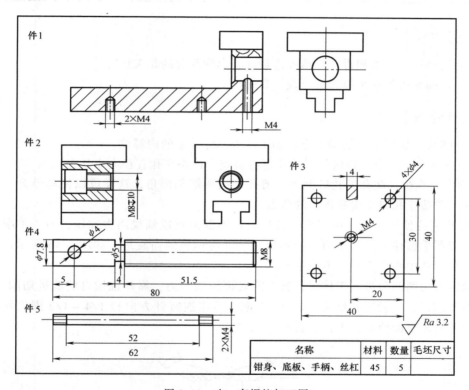

图 3-44　攻、套螺纹加工图

【任务评价】

攻、套螺纹评分标准，见表 3-8。

表 3-8　攻、套螺纹评分标准

项目	序号	要求	配分	评分标准	自评	互评	教师评分
件 1	1	M4 通（攻螺纹）	10	有螺纹乱牙、滑牙等缺陷不得分			
	2	M4 盲（攻螺纹）	10×2	有螺纹乱牙、滑牙等缺陷不得分			
件 2	3	M8（攻螺纹）	10	有螺纹乱牙、滑牙等缺陷不得分			

（续）

项目	序号	要求	配分	评分标准	自评	互评	教师评分
件3	4	M4（攻螺纹）	10	有螺纹乱牙、滑牙等缺陷不得分			
件4	5	M8（套螺纹）	10	螺纹乱牙、滑牙等缺陷不得分			
件5	6	M4（套螺纹）	10×2	螺纹乱牙、滑牙等缺陷不得分			
其他	7	件2与件4试配	5	不能配合不得分			
	8	安全文明生产	10	违者不得分			
	9	环境卫生	5	不合格不得分			
总分				100			

【任务目标】

1）会正确选择丝锥和板牙，熟练进行攻、套螺纹时的相关计算。

2）能正确使用丝锥和板牙进行攻、套螺纹。

【任务分析】

1）攻螺纹。按照下面的加工方法加工件1、2、3上的内螺纹。

① 检查底孔。对所攻螺纹位置的孔进行检查，检查底孔直径大小是否正确。

② 倒角。在螺纹底孔的孔口倒角，通孔螺纹两端都倒角，这样可以使丝锥开始切削时容易切入，并防止孔口出现挤压出的凸边。

③ 起攻时应使用头锥。可用手掌按住铰杠中部沿丝锥轴线用力加压，另一手配合做顺向旋进，或两手握住铰杠两端均匀施加压力，并将丝锥顺向旋进，如图3-45所示，应保证丝锥中心线与孔中心线重合，不能歪斜。

当丝锥的切削部分进入工件时，就不需要再施加压力，靠丝锥做自然旋进切削。此时，两手用力要均匀，一般顺时针方向转1～2圈，就需逆时针方向转1/4～1/2圈，使切屑碎断，避免切屑阻塞而使丝锥卡住或折断。

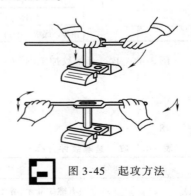

图3-45 起攻方法

④ 攻螺纹时必须按头锥、二锥、三锥的顺序攻削，以减少切削负荷，防止丝锥折断，应加注切削液。

2）套螺纹。按照下面的方法加工件4、5上的外螺纹。

① 通过计算确定圆杆直径，检验提供的圆钢是否适合套螺纹。套螺纹时圆杆切入端应倒角至 15°~20°。

② 用软钳口或硬木做的 V 形块将工件夹持牢固。注意圆杆要垂直于钳口，且不能损伤外表面。

③ 起套方法与攻螺纹的起攻方法相似。开始套螺纹时，应检查校正，必须使板牙端面与圆杆轴线垂直。适当加压力并旋转扳手，当板牙切入圆杆 1~2 圈螺纹时，再次检查板牙是否套正，如有歪斜应慢慢校正后再继续加工，当切入圆杆 3~4 圈后，应停止施加压力，平稳地旋动扳手，但要经常倒转板牙断屑。

攻、套螺纹完毕后，用标准的螺栓或螺母进行检查。

【安全提醒】

1）攻不通孔螺纹时，可在丝锥上做好深度标记，并要经常退出丝锥，清除留在孔内的切屑，否则会因切屑堵塞使丝锥折断或达不到规定深度。

2）在攻、套螺纹的初始阶段，需要一边旋转一边向下压，应注意用力均衡，以免打滑伤手。

3）攻、套螺纹产生的切屑较大且锋利，不要用手进行清理，以免刺伤手。

【低碳环保提示】

为了提高螺纹表面质量和延长板牙寿命，套螺纹时要加切削液，常用的切削液有机油和乳化液，要求高时可用工业植物油。

【知识储备】

螺纹联接是机械设备中常用的一种可拆的固定联接方式。对于小直径的、精度要求不是太高的螺纹，可由钳工进行加工制作。根据加工螺纹的性质不同，可分为攻螺纹与套螺纹。

一、攻螺纹

用丝锥在工件孔中切削出内螺纹的加工方法称为攻螺纹。

1. 丝锥

丝锥是用来切削内螺纹的工具，分手用丝锥和机用丝锥两种。手用丝锥由合金工具钢或轴承钢制成；机用丝锥用高速钢制成。

（1）丝锥的结构　丝锥由工作部分和柄部组成，工作部分包括切削部分和校准部分，如图 3-46 所示。

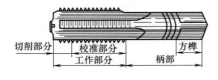

图 3-46　丝锥的结构

（2）成组丝锥和切削量的分配　为了减少攻螺纹时的切削力和提高丝锥的使用寿命，一般将整个切削工作分配给几只丝锥来完成。通常 M6 ~ M24 的丝锥一组有两支；M6 以下和 M24 以上的丝锥一组有三支；细牙普通螺纹丝锥不论大小，均为两支一组。

切削量的分配有锥形分配和柱形分配两种。锥形分配切削量的丝锥也称等径丝锥，每组丝锥的大径、中径、小径都相等，只是切削部分的长度和切削锥角不等。柱形分配切削量的丝锥也称不等径丝锥，三支一组的丝锥按 6:3:1 分配切削量，两支一组的丝锥按 7.5:2.5 分配切削量。柱形分配切削量较为合理，每支丝锥磨损均匀，使用寿命长，但攻螺纹时使用丝锥的顺序不能错。

（3）铰杠　铰杠是手工攻螺纹时，用来夹持丝锥的工具。常见的铰杠如图 3-47 所示。

图 3-47　常见的铰杠

2. 螺纹底孔直径的确定

加工不同的材料，螺纹底孔的直径不同。

1）在加工钢和塑性较大的材料及扩张量中等的条件下，攻螺纹前所钻螺纹底孔直径（$D_{钻}$）应小于螺纹大径（D），可参照下式计算

$$D_{钻} = D - P$$

式中　P——螺距，下同。

2）在加工铸铁和塑性较小的材料及扩张量较小的条件下，可参照下式计算

$$D_{钻} = D - (1.05 \sim 1.1)P$$

3. 攻螺纹时底孔深度的确定

攻不通孔螺纹时，由于丝锥切削部分不能切出完整的螺纹牙型，所以钻孔深度（$H_{钻}$）要大于所需的螺孔深度（h），可参照下式计算

$$H_{钻} = h + 0.7D$$

式中　D——螺纹大径。

例 3-1：分别计算在钢件和铸铁件上攻 M16 × 2 螺纹时的底孔直径各为多少？若攻不通孔螺纹，其螺纹有效深度为 60mm，求底孔深度为多少？

解：

钢件上螺纹底孔直径为

$$D_{钻} = D - P = 16mm - 2mm = 14mm$$

铸铁件上螺纹底孔直径为

$$D_{钻} = D - 1.05P = 16mm - 1.05 \times 2mm = 13.9mm$$

底孔深度为

$$H_{钻} = h + 0.7D = 60mm + 0.7 \times 16mm = 71.2mm$$

答：在钢件和铸铁件上攻 M16 × 2 螺纹时的底孔直径分别为 14mm 和 13.9mm。若攻不通孔螺纹，螺纹有效深度为 60mm 时，底孔深度为 71.2mm。

4. 切削液的选用

攻韧性材料的螺纹时，要加切削液，以减小加工螺孔的表面粗糙度值和延长丝锥寿命。攻钢件时可用机油；螺纹质量要求高时，可用工业植物油；攻铸铁件时可用柴油，见表 3-9。

表 3-9　攻螺纹时切削液的选用

材料	切削液（质量分数）
钢、合金钢	机油、乳化液
铸铁	柴油、75% 柴油 + 25% 矿物油
铜	机械油、硫化油、75% 柴油 + 25% 矿物油
铝	50% 煤油 + 50% 机油、85% 煤油 + 15% 亚麻油、煤油、松节油

二、套螺纹

用板牙在材料表面加工出外螺纹的加工方法称为套螺纹。

1. 板牙

板牙是加工外螺纹的工具，用合金工具钢或高速钢制作并经淬火硬化，如 3-48 所示。

2. 板牙架

板牙架是装夹板牙的工具，板牙放入后，用螺钉紧固，如图 3-49 所示。

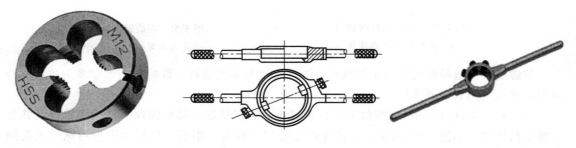

图 3-48　板牙　　　　　　　　　　　　　　图 3-49　板牙架

3. 套螺纹时圆杆直径的确定

套螺纹时，板牙在切削材料的过程中会产生挤压作用，使材料产生塑性变形。因此，套螺纹前的圆杆直径（$d_{杆}$）应稍小于螺纹大径（d），可参照下式计算

$$d_{杆} = d - 0.13P$$

式中　P——螺距。

为了使板牙起套时容易切入工件并进行正确引导，圆杆的端部应倒角至 15° ~ 20°，其倒角处的最小直径应该略小于螺纹小径，避免螺纹端部出现锋口和卷边。

例 3-2：在工件上套 M16 × 2 螺纹时的圆杆直径为多少？

解：因为所套螺纹大径 d 为 16mm，螺距 P 为 2mm，依据套螺纹时圆杆直径计算公式

可知

$$d_{杆} = d - 0.13P = 16\text{mm} - 0.13 \times 2\text{mm} = 15.74\text{mm}$$

答：在工件上套 M16×2 螺纹时的圆杆直径为 15.74mm。

【拓展阅读】

认 识 螺 纹

在圆柱或圆锥母体表面上制出的螺旋线形的、具有特定截面的连续凸起部分称为螺纹。

螺纹的分类方法很多，可以按不同的性质进行分类。

按其母体形状螺纹分为圆柱螺纹和圆锥螺纹。圆锥螺纹的牙型为三角形，主要靠牙的变形来保证螺纹副的紧密性，多用于管件。

按其在母体所处位置，螺纹分为外螺纹和内螺纹，如图 3-50 所示。

按螺旋线方向，螺纹分为左旋螺纹和右旋螺纹，如图 3-51 所示。

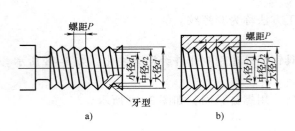

图 3-50　外螺纹和内螺纹

a) 外螺纹　b) 内螺纹

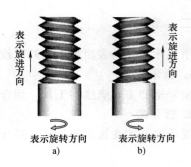

图 3-51　左旋螺纹和右旋螺纹

a) 左旋螺纹　b) 右旋螺纹

按螺旋线的数量螺纹分为单线螺纹、双线螺纹及多线螺纹。联接用的螺纹多为单线，传动用的螺纹采用双线或多线。

按其截面形状（牙型），螺纹分为普通螺纹、矩形螺纹、梯形螺纹、锯齿形螺纹及其他特殊形状螺纹，如图 3-52 所示。普通螺纹主要用于联接；矩形、梯形和锯齿形螺纹主要用于传动。

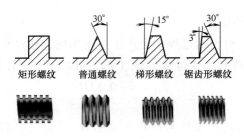

图 3-52　螺纹的截面形状

按牙的大小，螺纹分为粗牙螺纹和细牙螺纹。

按使用场合和功能不同，螺纹可分为紧固螺纹、管螺纹、传动螺纹和专用螺纹等。

【巩固小结】

通过本任务的实施，能够熟悉攻、套螺纹所用工具，熟练进行攻螺纹底孔直径与套螺纹前圆杆直径的计算，并正确掌握螺纹加工操作要领。

一、填空题

1. 丝锥是加工_____的工具，由_____和_____组成，工作部分由_____和_____组成。

2. 成组丝锥切削量的分配形式有_____和_____两种。通常 M6 ~ M24 丝锥每组有__支；M6 以下及 M24 以上的丝锥每组有__支；细牙普通螺纹丝锥每组有__支。

3. 板牙是加工_____的工具，用_____或_____制作，并经淬火处理。

4. 套螺纹时，板牙除对金属进行_____外，还对金属材料产生_____，所以套螺纹前圆杆直径应稍_____螺纹大径。

二、判断题

1. 丝锥的校准部分没有完整的牙齿，可用来修光和校准已切出的螺纹。（　　）

2. 柱形分配的丝锥具有相等的切削量，故切削省力。（　　）

3. 为了控制排屑方向，有些专用丝锥做出左旋的排屑槽，用来加工通孔，使切屑顺利地向下排出。（　　）

三、选择题

1. 攻螺纹前的底孔直径应（　　）螺纹的小径。

A. 稍大于　　　　　　B. 稍小于　　　　　　C. 等于

2. 不等径三支一组的丝锥，切削用量的分配为（　　）。

A. 6 : 3 : 1　　　　B. 1 : 3 : 6　　　　C. 1 : 2 : 3

四、简答题

1. 计算攻下列螺纹的底孔直径（精确到小数点后一位）。

1）钢件螺纹：M20 × 1.5。　　　　2）铸铁件螺纹：M18 × 1。

2. 计算套 M22 × 1.5 螺纹时的圆杆直径。

任务五　　连接板弯形加工

【任务布置】

工、量具准备：常用量具、锤子、平板等。

备料：薄板料 175mm × 50mm × 2mm（1 块）。

任务要求：合理利用手工工具，保证落料准确，弯形准确到位，如图 3-53 所示。

学时：2。

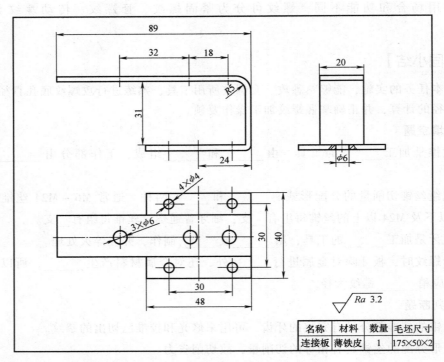

图 3-53　连接板加工图

【任务评价】

连接板弯形加工评分标准，见表 3-10。

表 3-10　连接板弯形加工评分标准

项目	序号	要求	配分	评分标准	自评	互评	教师评分
连接板弯形	1	R5mm 圆角弯形	4	不符合不得分			
	2	直角弯形	4	不符合不得分			
	3	89mm	4	不符合不得分			
	4	20mm	4	不符合不得分			
	5	31mm	4	不符合不得分			
	6	40mm×48mm	3×4	不符合不得分			
钻孔	7	30mm×30mm	3×4	不符合不得分			
	8	24mm	3	不符合不得分			
	9	32mm	3	不符合不得分			
	10	18mm	3	不符合不得分			
	11	3×φ6mm	4×3	孔符合要求			
	12	4×φ4mm	3×4	孔符合要求			
	13	φ6mm	3	孔符合要求			
其他	14	倒棱、去毛刺	5	违者酌情扣 1~5 分			
	15	安全文明生产	10	违者不得分			
	16	环境卫生	5	不合格不得分			
总分			100				

【任务目标】

1）熟悉常见的弯形方法。

2）能应用弯形工具对工件进行正确弯形，并能达到图样规定的要求。

【任务分析】

1）来料检查。检查来料大小是否满足变形要求，如材料有缺陷，可进行适当矫正。

2）弯形前毛坯长度的计算。根据图样要求进行弯形前毛坯长度的计算，具体计算方法与要求详见知识储备内容。

3）弯形（图 3-54）。

① 用锉刀对薄板料进行修整。

② 在连接板上按图 3-53 所示钻孔。

③ 在钳口放置连接板，根据图样要求对连接板 89mm 处进行 R5mm 圆角弯形操作。

④ 对连接板 48mm 处进行 90°直角弯形操作，保证 90°折角成形。

⑤ 检查已弯曲成形的连接板形体满足要求。

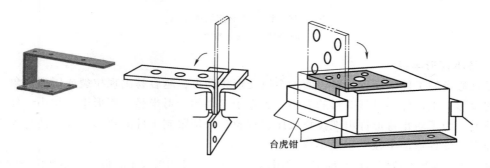

图 3-54　连接板弯形操作

【安全提醒】

1）弯形时，应首先对弯形板料边缘进行清角、去毛刺，避免划伤相关工具以及对人体造成伤害。

2）板料折弯时必须压实，避免弯形时板料翘起伤人。

3）弯形过程中，经常使用锤子等敲击工具，在敲击前应检查工具的牢固性，避免工具掉落伤人。

【低碳环保提示】

1）在对工件进行弯形前，要做好毛坯长度的计算。否则，落料长度太长会导致材料的浪费，而落料长度太短又不够弯曲尺寸。

2）选择弯形材料时要充分考虑材料的最小弯曲半径，以保证弯形后不改变材料的性能，避免材料浪费。

3）弯形后的废品工件要进行分类放置，可重复利用。

【知识储备】

弯形与矫正是钳工最为典型的两种用于板料、条料、棒料等制件加工的方法，在生活中有着广泛的应用。

一、弯形

将板料、条料、棒料或管子等弯成所需的形状的加工方法称为弯形。

弯形是使材料产生塑性变形，因此只有塑性好的材料才能进行弯形。钢板经过弯形后，外层材料伸长（图3-55所示 e 和 d），内层材料缩短（图3-55所示 a 和 b），中间有一层材料长度不变（图3-55所示 c）。长度不变的一层称为中性层。

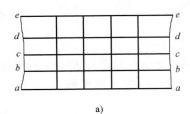 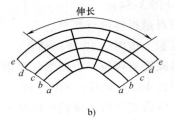

图 3-55　钢板弯形前后的情况

a）弯形前　b）弯形后

1. 最小弯形半径

经过弯形的工件越靠近材料表面，金属变形越严重，越容易出现拉裂或压裂现象。相同材料的弯形，工件外层材料变形的大小，决定于工件的弯形半径。弯形半径越小，外层材料变形越大。为了防止弯形件出现拉裂或压裂现象，必须限制工件的弯形半径，使它大于导致材料开裂的临界弯形半径——最小弯形半径。

最小弯形半径的数值由试验确定。常用钢材的弯形半径如果大于2倍材料厚度，一般不会被弯裂。对于弯形半径比较小的工件，可分两次或多次弯形，并进行退火处理，可避免弯裂。

2. 弯形前毛坯长度的计算

工件弯形后，只有中性层长度不变，因此计算弯形工件的毛坯长度时，可以按中性层的长度计算。经试验证明，中性层的实际位置与材料的弯形半径 r 和材料厚度 t 有如下关系。

1）材料弯形后，中性层一般不在材料正中，而是偏向内层材料一侧。

2）当材料厚度不变时，弯形半径越大，变形越小，中性层位置越接近材料厚度的几何中心。

3）如果材料弯形半径不变，材料厚度越小，变形越小，中性层位置越接近材料厚度的几何中心。

圆弧部分的中性层长度可按下列公式计算

$$A = \pi(r + x_0 t)\frac{\alpha}{180°}$$

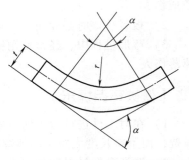

图 3-56　圆弧部分的中性层长度

式中　A——圆弧部分的中性层长度（mm）；

　　r——弯形半径（mm），如图3-56所示；

　　x_0——中性层位置系数；

　　t——材料厚度（mm），如图3-56所示；

　　α——弯形角，即弯形中心角（°），如图3-56所示。

中性层位置系数 x_0 的数值可由表 3-11 查得。当 $r/t \geq 16$ 时，中性层在材料中间（即中性层与几何中心层重合）。为简化计算，当 $r/t \geq 8$ 时，即可按 $x_0 = 0.5$ 进行计算。

表 3-11　中性层位置系数 x_0

r/t	0.25	0.5	0.8	1	2	3	4	5	6	7	8	10	12	14	>16
x_0	0.2	0.25	0.3	0.35	0.37	0.4	0.41	0.43	0.45	0.46	0.46	0.47	0.48	0.49	0.5

对于内边弯曲成直角不带圆弧的制件，求直角部分中性层长度时，可按弯曲前后毛坯体积不变的原理，采用经验公式计算，即 $A = 0.5t$。

内边带圆弧制件的毛坯长度等于直线部分（不变形部分）长度和圆弧中性层（弯曲部分）长度之和。

例 3-3：把厚度 $t = 4$mm 的钢板坯料弯成制件。若弯形角 $\alpha = 120°$，弯形半径 $r = 16$mm，边长 $L_1 = 60$mm、$L_2 = 120$mm，如图 3-57 所示。求坯料长度 L 是多少？

解：因为 $r/t = 16\text{mm}/4\text{mm} = 4\text{mm}$，所以查表 3-11 得 $x_0 = 0.41$。

$$A = \pi(r + x_0 t)\alpha/180°$$
$$= 3.14 \times (16\text{mm} + 0.41 \times 4\text{mm}) \times \frac{120°}{180°}$$
$$= 36.93\text{mm}$$

$$L = L_1 + L_2 + A = 60\text{mm} + 120\text{mm} + 36.93\text{mm} = 216.93\text{mm}$$

答：坯料长度 L 为 216.93mm。

由于材料本身性质的差异和弯形工艺、操作方法的不同，

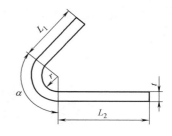

图 3-57　弯曲制件

此计算结果还会与实际弯形工件的毛坯长度之间有误差。因此，成批生产时，一定要用试验的方法，反复确定坯料的准确长度，以免造成废品。

3. 弯形方法

弯形方法有冷弯和热弯两种。在常温下进行弯曲称为冷弯；对于厚度大于 5mm 的板料以及直径较大的棒料和管子等，通常要将工件加热后再进行弯形，称为热弯。虽然弯形是塑性变形，但是不可避免有弹性变形。工件弯形后，由于弹性变形的存在使弯形角度和弯形半径发生变化，这种现象称为回弹。为抵消材料的弹性变形，弯形过程中应多弯些。

（1）直角形工件弯形

1）板料在厚度方向上的弯形。对于厚度在 5mm 以下的工件，可直接在台虎钳上进行弯形，先在弯曲的地方划好线，然后将其装夹在台虎钳上，使弯曲线和钳口平齐，在接近划线处进行锤击，或用木垫与铁垫垫住再敲击垫块。如果台虎钳钳口比工件短，可用角铁制作的夹具来夹持工件，如图 3-58 所示。

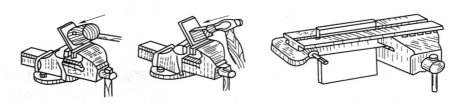

图 3-58　板料在厚度方向上的弯形

2）板料在宽度方向上的弯形。利用金属材料的延伸性能，在弯形的外弯部分进行锤击，使材料向一个方向渐渐延伸，达到弯形的目的；较窄的板料可在 V 形块或特制弯曲模上用锤击法使其变形而弯形；另外还可在简单的弯形工具上进行弯形，如图 3-59 所示。

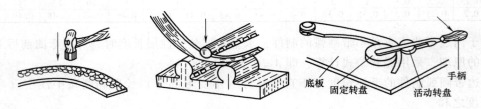

图 3-59　板料在宽度方向上的弯形

（2）圆弧形工件弯形　弯制圆弧形工件时，先要在坯料上划线，按划线位置把工件夹持在台虎钳上，用锤子初步锤击成形，然后用半圆模修整，使其符合图样要求，如图 3-60 所示。

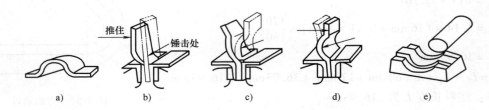

图 3-60　圆弧形工件弯形

（3）管子弯形　管子直径在 12mm 以下可以用冷弯方法；直径大于 12mm 采用热弯方法。管子弯形的最小弯形半径必须是管子直径的 4 倍以上。管子直径在 10mm 以上时，为防止管子弯瘪，必须在管内灌满干砂（灌砂时用木棒敲击管子，使砂子灌得严实），两端用木塞塞紧，如图 3-61 所示；有焊缝的管子的弯形时，焊缝必须放在中性层的位置上，否则焊缝易裂开。冷弯管子一般用弯管工具，如图 3-62 所示。

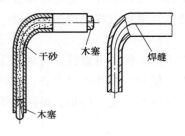

图 3-61　管子弯形

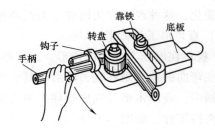

图 3-62　弯管工具

二、矫正

消除条料、棒料和板料等制件的弯曲、翘曲、凹凸不平等缺陷的加工方法称为矫正。

根据矫正时产生矫正力的方法可分为手工矫正、机械矫正、火焰矫正和高频矫正。钳工操作主要以手工矫正为主。

1. 矫正工具

常用的矫正工具有支承矫正件的工具，如铁砧、矫正用平板和 V 形块等；加力用的工具，如软硬锤子、抽条、拍板和压力机等，如图 3-63 所示；检验用的工具，如平板、角尺、钢直尺和百分表等。

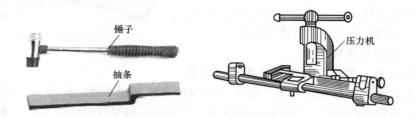

图 3-63　加力用的工具

2. 矫正方法

常见的矫正方法有以下几种。

（1）扭转法　扭转法用来矫正受扭曲变形的条料，如图 3-64 所示。

（2）伸张法　伸张法用来矫正各种细长线材，如图 3-65 所示。

图 3-64　扭转法

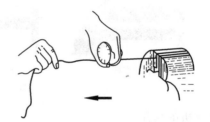

图 3-65　伸张法

（3）弯形法　弯形法用来矫正各种弯曲的棒料和在宽度方向上变形的条料。一般可用台虎钳在靠近弯曲处夹持，用扳手矫正，如图 3-66a 所示。或利用台虎钳把它初步压直，再放在平板上用锤子矫直，如图 3-66b、c 所示。直径较大的棒料和较厚的条料，则采用压力机矫正。

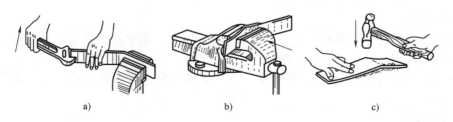

　　a)　　　　　　　　b)　　　　　　　　c)

图 3-66　弯形法

（4）延展法　这种方法是用锤子敲击材料，使它延展伸长，达到矫正的目的，所以通常又称为锤击矫正法。宽度方向上弯曲的条料，如果利用弯形法矫直，会发生裂痕或折断，此时可用延展法来矫直，即锤击弯曲处的材料，使其延展伸长而得到矫直，如图 3-67 所示。

【拓展阅读】

折弯机

折弯机是一种能够对薄板进行折弯的机器。它采用简单的模具把金属板料压制成所需的几何形状，操作简单方便，可广泛应用于电器、电子、仪器、仪表、日用五金、建筑装潢等行业。

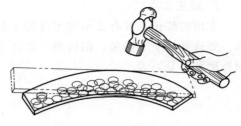

图 3-67 延展法

1. 折弯机的工作原理

折弯机由支架、工作台和夹紧板组成。工作台置于支架上，由底座和压板构成。底座通过铰链与夹紧板相连，由座壳、线圈和盖板组成，线圈置于座壳的凹陷内，凹陷顶部覆有盖板。使用时由导线对线圈通电，通电后对压板产生引力，从而实现对压板和底座之间薄板的夹持。

2. 折弯机的分类

折弯机分为手动折弯机、液压折弯机和数控折弯机，如图 3-68 所示。液压折弯机按同步方式又可分为扭轴同步折弯机、机液同步折弯机和电液同步折弯机，按运动方式又可分为上动式折弯机和下动式折弯机。

液压折弯机　　　　　　　　手动折弯机　　　　　　　　数控折弯机

图 3-68 折弯机

3. 折弯机的作用

折弯机主要应用在钣金行业，如门窗、钢结构等的折弯成形，对金属薄板料进行 V 形开槽等。

【巩固小结】

通过本任务的实施，能够熟悉弯形、矫正的相关概念，掌握弯形的方法与矫正的方法，熟练进行弯形计算，掌握弯形操作要领。

一、填空题

1. 钢板弯形后的外层材料_____，内层材料_____，而中间不变层称为_____。

2. 弯形方法有_____和_____两种。

3. 金属材料的变形有_____变形和_____变形两种，矫正是针对_____变形而言的。矫正的方法有_____、_____、_____、弯形法。

二、判断题

1. 相同材料的弯形，弯形半径越小，表面层材料变形也越小。　　　　　　　　（　　）

2. 如果弯形半径不变，材料厚度越小，变形就越小，中性层也就越接近材料厚度的几何中心。　　　　　　　　　　　　　　　　　　　　　　　　　　　　（　　）

3. 经矫正后的金属材料，其硬度会提高而性质会变脆。　　　　　　　　　　（　　）

4. 对任何直径的管子进行弯形时都必须灌砂，以防管子弯瘪。

（　　　）

三、选择题

1. 如果薄钢板发生对角翘曲，应沿（　　　）对角线锤击，使其延展而矫平。

A. 翘曲　　　　　B. 没有翘曲　　　　C. 两条

2. 扭转矫正法主要用来矫正（　　　）的扭曲变形。

A. 板料　　　　　B. 棒料　　　　　C. 条料

四、计算题

计算图 3-69 所示工件的展开长度。

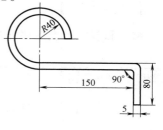

图 3-69　工件弯形图

任务六　　铆接和装配台虎钳

【任务布置】

工、量具准备：量具、铆接工具等。

备料：各任务工件、螺钉等。

任务要求：1）按图 3-70 所示装配台虎钳，要求装配准确、动作可靠。

2）能够正确铆接，连接底板。

3）外形美观。

学时：1。

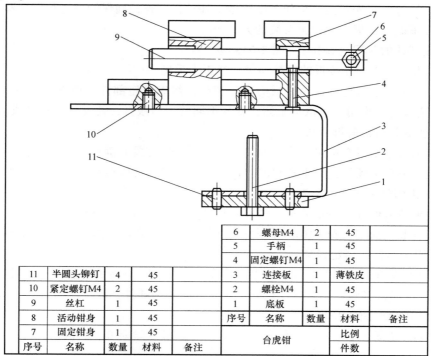

11	半圆头铆钉	4	45		6	螺母M4	2	45	
10	紧定螺钉M4	2	45		5	手柄	1	45	
9	丝杠	1	45		4	固定螺钉M4	1	45	
8	活动钳身	1	45		3	连接板	1	薄铁皮	
7	固定钳身	1	45		2	螺栓M4	1	45	
序号	名称	数量	材料	备注	1	底板	1	45	
					序号	名称	数量	材料	备注
					台虎钳			比例	
								件数	

图 3-70　台虎钳装配图

【任务评价】

铆接和装配台虎钳评分标准，见表 3-12。

表 3-12　铆接和装配台虎钳评分标准

项目	序号	要求	配分	评分标准	自评	互评	教师评分
台虎钳装配	1	铆钉铆接质量	5×4	不合格不得分			
	2	底板与连接板铆接牢靠、坚固	10	不合格不得分			
	3	铆接动作正确	10	不正确一处扣5分			
	4	连接板与固定钳身联接可靠	5	不合格不得分			
	5	螺栓安装	5	有一定的预紧力			
	6	固定钳身与活动钳身配合面的配合间隙≤0.08mm	5×6	超差不得分			
	7	手柄旋转自如	5	旋转不自如不得分			
其他	8	安全文明生产	10	违者不得分			
	9	环境卫生	5	不合格不得分			
总分			100				

【任务目标】

1）掌握铆接的相关知识。

2）能按照图样铆接零件。

3）能按要求完成台虎钳的装配。

【任务分析】

1）备料检查。首先对前几项任务中所做工件进行检查，确保能够进行铆接和装配。

2）装配策略。根据先部件再总装的方式进行。

3）底座部件的装配（铆接）（图 3-71a）。

① 用锉刀对底板和连接板的铆接面进行修正去毛刺。

② 用铆接工具进行连接板和底板的铆接装配，组成底座部件。把铆钉插入孔中，先用压紧冲头压紧板料，再用锤子镦出粗帽，并从不同的方向敲打，使其初步铆打成形，最后用罩模修整，便成为合格的铆合头。

③ 要求铆钉头不得有错位、清缝和裂纹等缺陷，铆钉要充满铆钉孔。

④ 铆接完成后必须检查，发现缺陷应铲掉重新铆接，拆除时注意不损伤构件。

4）台虎钳部件装配图（3-71b）。

① 将手柄装入丝杠 φ4mm 孔中，并在手柄两端旋上螺母 M4 防止手柄掉落。

② 将丝杠装入固定钳身 φ10H8 孔内；在固定钳身底部旋入固定螺钉 M4，嵌入丝杠的槽内（用于固定丝杠和固定钳身）。

③将活动钳身与固定钳身导轨配合装入固定钳身导轨，旋转手柄使丝杠与活动钳身的螺孔 M8 联接。台虎钳部件装配完成（以固定钳身为配合基准件，配作活动钳身，保证两者配合的六个面的配合间隙≤0.08mm）。

5）总装配（图 3-71c）。将连接板与固定钳身用的紧定螺钉 M4 联接在一起；旋上螺栓 M4。

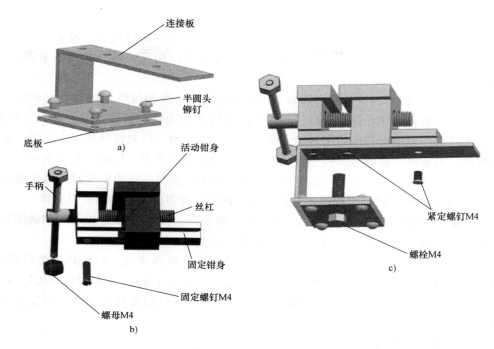

图 3-71　台虎钳的装配

【安全提醒】

1）爱护并正确使用铆接工装，不得随意拆卸和更改。

2）工作时精神要集中，集体作业应设专人负责安全，使用各种机具前应检查，必须符合安全要求。

3）清理场地，便于工件放平和铆接操作；多人合作时要明确分工。

【低碳环保提示】

1）废铆钉要放在规定的废料箱内，不可随意乱扔。

2）铆接时铆钉长度要选择正确，埋头不能凸出和凹进，以免造成铆接质量问题。

【知识储备】

目前，在很多零件连接中，铆接已被焊接代替。但因铆接具有操作简单、连接可靠、抗振和耐冲击等特点，所以在桥梁、机车、船舶和工具制造等方面仍有较多的应用。

一、铆接

用铆钉连接两个或两个以上的零件或构件的操作方法，称为铆接，如图 3-72 所示。将铆钉插入被铆接工件的孔内，将铆钉头紧贴工件表面，然后将铆钉杆的一端镦粗成为铆合头。

图 3-72　铆接方法

1. 铆接的种类

（1）按使用要求分类　按使用要求分类，铆接可分为活动铆接与固定铆接。

1）活动铆接（铰链铆接）。活动铆接的结合部分可以相互转动，如内外卡钳、划规、剪刀等。

2）固定铆接。固定铆接的结合部分是固定不动的。这种铆接按用途和要求不同，还可分为强固铆接、紧密铆接和强密铆接。强固铆接应用于结构要有足够强度的地方，如桥梁、车辆和起重机等；紧密铆接应用于只能承受较小的均匀压力，但对接缝处要求非常严密的地方，如气筒、电水箱、油罐等；强密铆接应用于承受很大的压力，接缝处要求非常紧密的地方，即使在较大压力下，液体或气体也不会渗漏，如蒸汽锅炉、压缩空气罐等高压容器。

（2）按铆接方法不同分类按铆接方法不同，铆接可分为冷铆、热铆和混合铆。

1）冷铆。铆接时，铆钉不需加热，直接镦出铆合头。直径在 8mm 以下的钢制铆钉都可以用冷铆方法铆接。冷铆铆钉的材料必须具有较好的塑性。

2）热铆。铆接时，把整个铆钉加热到一定温度，然后再铆接。因铆钉受热后塑性好，容易成形，且冷却后铆钉杆收缩，可加大结合强度。直径大于 8mm 的钢铆钉多用热铆。

3）混合铆。铆接时，只把铆钉的铆合头端部加热。细长的铆钉采用这种铆接方法可以避免铆接时铆钉杆的弯曲。

2. 铆接连接的基本形式

铆接连接的基本形式是由零件相互接合的位置所决定的，主要有以下三种。

（1）搭接连接　可采用两块平板搭接，搭接后两块平板错位；也可将一块板折边后与另一块板搭接，除铆接处外，其余各处平整，如图 3-73 所示。

（2）对接连接　可采用单盖板式连接或双盖板式连接，后者的连接强度要高于前者，如图 3-74 所示。

（3）角接连接　可采用单角钢式连接或双角钢式连接，后者的连接强度要高于前者，如图 3-75 所示。

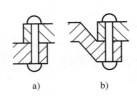 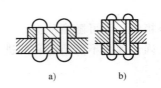 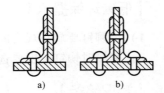

图 3-73　搭接连接　　　　　图 3-74　对接连接　　　　　图 3-75　角接连接
a）两平板搭接　b）折边搭接　　a）单盖板式连接　b）双盖板式连接　　a）单角钢式连接　b）双角钢式连接

3. 铆道

铆道指铆钉的排列形式。根据铆接强度和密封要求，铆钉的排列形式有单排、双排、多排和多排交错等，如图 3-76 所示。

4. 铆距

铆距是指铆钉与铆钉间或铆钉与铆接板边缘的距离。按结构和工艺要求，铆钉的排列距离有一定的规定。铆钉并列排列时，铆钉距 $t \geq 3d$（d 为铆钉直径）。铆钉中心到铆接板边缘的距离：钻孔时约为 $1.5d$；冲孔时约为 $2.5d$。

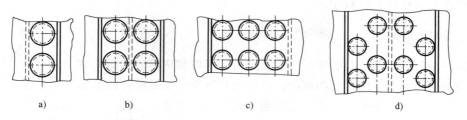

图 3-76　铆钉的排列形式

a）单排　b）双排　c）多排　d）多排交错

二、铆钉

铆钉可以按形状、材料等进行分类。

1. 按铆钉的形状分类（图 3-77）

（1）半圆头铆钉　常用于钢结构的屋架、桥梁、车辆、船舶及起重机等的强固铆接。

（2）沉头铆钉　常用于表面要求平整、不允许有外露的框架制品的铆接。

（3）平头铆钉　常用于一般无特殊要求的铁皮箱、防护罩等的铆接。

（4）半圆沉头铆钉　常用于要求铆接处表面有微小的凸起、防止滑跌的地方，如踏脚板等的铆接。

（5）空心铆钉　常用于铆接处有空心要求的地方，如电器部件的铆接等。

（6）传动带铆钉　常用于传动带的铆接。

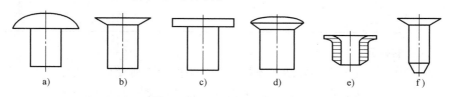

图 3-77　常规铆钉

a）半圆头铆钉　b）沉头铆钉　c）平头铆钉　d）半圆沉头铆钉　e）空心铆钉　f）传动带铆钉

除了以上的常规铆钉外，还有击芯铆钉和抽芯铆钉，如图 3-78 所示。

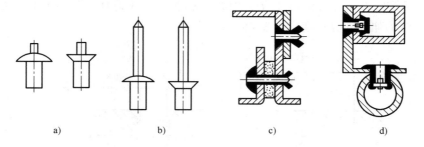

图 3-78　击芯铆钉和抽芯铆钉

a）击芯铆钉　b）抽芯铆钉　c）击芯铆钉连接　d）抽芯铆钉连接

2. 按铆钉的材料分类

制造铆钉的材料要有好的塑性，常用铆钉的材料有钢、黄铜、纯铜和铝等。选用铆钉的材料应尽量和铆接件的材料相近。

三、铆接工具

铆接时所需的主要工具有锤子、压紧冲头、罩模和顶模，如图3-79所示。

罩模和顶模都有半圆形的凹球面，经淬火和抛光，按照铆钉的半圆头尺寸制成。罩模用于铆接时制作出完整的铆合头，柄部常制成圆柱形。顶模夹在台虎钳内，铆接时顶住铆钉的头部，以便进行铆接工作而不损伤铆钉头。

四、铆钉直径、长度及通孔直径的确定

为了保证铆接的质量，铆接时必须进行尺寸的计算，计算内容包括铆钉直径、长度及通孔直径等。

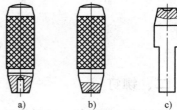

图 3-79　铆接部分工具

a）压紧冲头　b）罩模　c）顶模

1. 铆钉直径的确定

铆钉在工作中承受剪力，其直径是由铆接强度决定的，直径大小与被连接件的厚度、连接形式以及被连接件的材料等多种因素有关。当被连接件厚度相同时，铆钉直径等于板厚的1.8倍；当被连接件厚度不同，采取搭接连接时，铆钉直径等于最小板厚的1.8倍。标准铆钉直径可在计算后按表3-13圆整。

表 3-13　标准铆钉直径及通孔直径（GB/T 152.1—1988）　　（单位：mm）

公称直径		2.0	2.5	3.0	4.0	5.0	6.0	8.0	10.0
通孔直径	精装配	2.1	2.6	3.1	4.1	5.2	6.2	8.2	10.3
	粗装配	—	—	—	—	—	—	—	11

2. 通孔直径的确定

在铆接连接中，通孔的大小应随着连接要求的不同而有所变化。孔径过小，会使铆钉插入困难；孔径过大，则铆合后的工件易产生松动。合适的通孔直径见表3-13。

3. 铆钉长度的确定

铆接时铆钉所需长度 L，除了被铆接件的总厚度 s 外，还要为铆合头留出足够的长度。半圆头铆钉铆合头所需长度 l 应为圆整后铆钉直径的1.25～1.5倍，沉头铆钉铆合头所需长度 l 应为圆整后铆钉直径的0.8～1.2倍，如图3-80所示。击芯铆钉的伸出部分长度应为2～3mm；抽芯铆钉的伸出部分长度应为3～6mm。

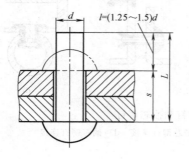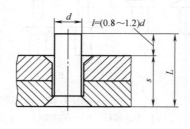

图 3-80　铆钉长度的计算

五、铆接方法

1. 半圆头铆钉的铆接

把铆接件彼此贴合，按划线钻孔并去毛刺，然后插入铆钉，把铆钉头放在顶模中，用压紧冲头压紧板料，再用锤子镦粗铆钉伸出部分，并将四周锤打成形，最后用罩模修整，如图3-81所示。

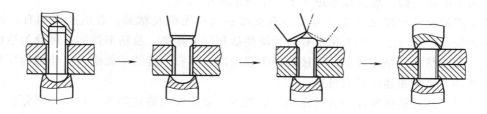

图 3-81　半圆头铆钉的铆接过程

2. 沉头铆钉的铆接

沉头铆钉的铆接同半圆头铆钉的铆接一样，是将几个零件通过铆接连接起来，但铆接后铆合头不突出于工件表面，故常用于表面要求平整光洁的场合，铆接过程如图3-82所示。

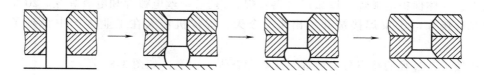

图 3-82　沉头铆钉的铆接过程

3. 空心铆钉的铆接

将铆钉插入孔内后，先用样冲（或类似的冲头）冲压一下，使铆钉孔口张开与工件相接触，再用特制冲头使翻开的铆钉孔口贴平于工件孔口，如图3-83所示。

4. 击芯铆钉的铆接

将击芯铆钉插入铆接件孔后，用锤子敲击钉芯，当敲到钉芯与铆钉头相平时，即完成铆接操作，如图3-84所示。由于钉芯的一端呈四棱锥形，故铆钉伸出铆接件的部分向四面胀开，使工件被铆合。

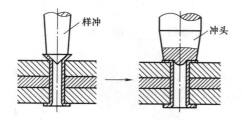

图 3-83　空心铆钉的铆接过程

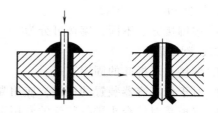

图 3-84　击芯铆钉的铆接过程

【拓展阅读】

粘接与焊接

1. 粘接

能够把其他材料紧密粘合在一起的物质，称为胶粘剂。使用胶粘剂来进行连接的工艺方法就是粘接。人类很早就使用天然胶粘剂，如树胶、松香、面粉、虫胶等。20 世纪初，美国人发明了酚醛树脂，粘接技术进入了一个新的应用时期。

粘接用的胶粘剂按化学成分可分为有机胶粘剂和无机胶粘剂。有机胶粘剂有骨胶、松香、树脂胶和橡胶等。无机胶粘剂有各种磷酸盐和硅酸盐类。胶粘剂按用途可分为结构胶粘剂和非结构胶粘剂。结构胶粘剂连接的接头强度高，具有一定的承载能力；非结构胶粘剂主要用于修补、密封和连接软质材料。

粘接用于修补机械零件的各种缺陷，如裂纹、划伤和铸造缺陷等。粘接可部分取代传统的焊接、铆接、过盈连接和螺纹联接等，能达到较高的强度。粘接工艺简便，是一种快速而又经济的维修技术，广泛应用于石油、化工、航空航天、机械、电子等行业。

2. 焊接

19 世纪末之前，唯一的焊接工艺是铁匠沿用了数百年的金属锻焊。最早的现代焊接技术出现在 19 世纪末，先是弧焊和氧燃气焊，后来出现了电阻焊。20 世纪早期，第一次世界大战和第二次世界大战中对军用设备的需求量很大，促进了焊接技术的发展，先后出现了焊条电弧焊、气体保护电弧焊、埋弧焊（潜弧焊）、药芯焊丝电弧焊和电渣焊等。20 世纪下半叶，激光焊接和电子束焊接被开发出来。今天，焊接机器人在工业生产中得到了广泛的应用。

焊接按工艺过程的特点分为熔焊、压焊和钎焊三大类，如图 3-85 所示。

【巩固小结】

通过本任务的实施，能够熟知铆接的基本概念，了解铆钉与铆接工具，熟悉铆钉直径、长度及通孔直径的确定方法和铆接方法，掌握铆接操作要领，同时初步接触装配知识，熟悉装配的流程。

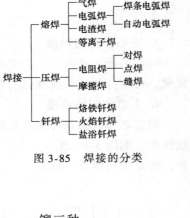

图 3-85　焊接的分类

一、填空题

1. 按使用要求的不同，铆接可分为_____铆接和_____铆接两大类。

2. 按用途和要求不同，固定铆接可分为_____铆接、_____铆接和_____铆接。

3. 按铆接方法不同，铆接可分为_____铆、_____铆和_____铆三种。

二、判断题

1. 铆接是可拆卸的固定连接。　　　　　　　　　　（　　）

2. 对于低压容器装置的铆接，应用强固铆接。　　　（　　）

3. 罩模是对铆合头进行整修的专用工具。　　　　　（　　）

4. 半圆沉头铆钉主要用于防滑要求的地方。　　　　（　　）

5. 铆钉并列排列时，铆钉间距应大于或等于 3 倍铆钉直径。　　　　　　　　（　　　）

三、选择题

1. 直径在 8mm 以下的钢制铆钉可以用（　　　）。

A. 热铆　　　　　　B. 冷铆　　　　　C. 混合铆

2. 铆钉直径一般等于被连接板厚的（　　　）倍。

A. 1. 2　　　　　　B. 1. 5　　　　　C. 1. 8

3. 沉头铆钉留作铆合头的伸长部分长度，应为铆钉直径的（　　　）倍。

A. 0. 8 ~ 1. 2　　　B. 1. 25 ~ 1. 5　　C. 1. 5 ~ 1. 8

四、简答题

1. 用半圆头铆钉搭接厚度为 8mm 和 2mm 的钢板，试选择铆钉的直径和长度。

2. 用沉头铆钉铆接两件厚度为 4mm 的工件，采用搭接连接形式，试计算铆钉的直径和长度。

项目四

典型机械设备装配

任务一　外啮合齿轮泵装配

【任务布置】

工、量具准备：内六角扳手、耐油橡胶板、铜棒、棉纱、钳工常用工、量具等。

设备准备：外啮合齿轮泵（图4-1）。

任务要求：1）熟悉外啮合齿轮泵的结构组成和工作原理等。

2）熟练拆装外啮合齿轮泵。

3）以装配作为考核依据。

学时：3。

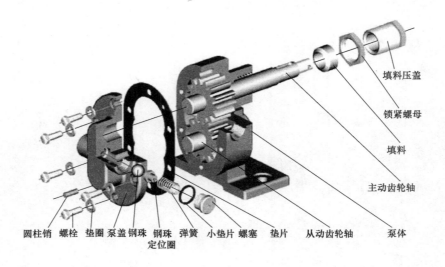

圆柱销　螺栓　垫圈　泵盖　钢珠　钢珠　弹簧　小垫片　螺塞　垫片　从动齿轮轴　泵体
定位圈

填料压盖

锁紧螺母

填料

主动齿轮轴

图4-1　外啮合齿轮泵分解图

【任务评价】

外啮合齿轮泵装配评分标准，见表4-1。

表 4-1 外啮合齿轮泵装配评分标准

项目	序号	要 求	配分	评分标准	自评	互评	教师评分
装配	1	正确使用装配工具	5	工具使用不正确扣1~5分			
	2	装配顺序合理	5	装配顺序不合理扣1~5分			
	3	零件清洗	10	不清洗不得分			
	4	涂润滑油	5	不涂润滑油不得分			
	5	主、从动齿轮轴装配	5×2	漏装、错装1处扣3分,扣完为止			
	6	泵体部分装配	10	漏装、错装1处扣3分,扣完为止			
	7	泵体与齿顶圆的顶隙为0.13~0.16mm	15	不符合要求视装配情况扣1~15分			
	8	泵盖部分装配	10	漏装、错装1处扣3分,扣完为止			
	9	齿轮与泵盖间轴向间隙为0.03~0.04mm	15	不符合要求视装配情况扣1~15分			
其他	10	能按时、按要求完成任务	3	不符合视情况扣1~3分			
	11	遵守纪律、独立完成	5	不符合视情况扣1~5分			
	12	安全文明生产	5	违者不得分			
	13	场地卫生	2	不合格不得分			
总分			100				

【任务目标】

1) 熟悉外啮合齿轮泵的结构,进一步掌握其工作原理。

2) 学会使用各种工具正确拆装外啮合齿轮泵。

3) 在拆装的同时,学会分析外啮合齿轮泵易出现的故障并能排除故障。

【任务分析】

1. 拆卸

(1) 拆卸前准备

1) 熟悉所拆齿轮泵的结构。在熟悉齿轮泵结构的基础上,先对齿轮泵进行大体分解,然后再依次拆卸。可以将齿轮泵分为三部分:泵盖部分(包括螺栓、泵盖和小垫片等);泵体部分(包括泵体和齿轮轴等);密封装置部分(包括锁紧螺母、填料压盖和填料)。

2) 准备相关的拆卸工具。

(2) 拆卸过程

1) 旋开螺塞(将齿轮泵内的油液放出),依次取出螺塞、小垫片、弹簧、钢珠定位圈、钢珠。

2) 先在泵盖与泵体的结合处做上记号,然后取出圆柱销,再用内六角扳手将泵盖螺栓拧松,并取出螺栓,轻轻敲击泵盖与泵体的结合面处,使泵体与泵盖分离。拆卸螺栓时要对称松开,螺栓、垫圈等要分类放置。

3) 拆卸锁紧螺母、填料压盖和填料等。

4) 拆卸泵体部分。分离泵体部分,将主、从动齿轮轴从泵体中取出。

5）用煤油或轻柴油对拆下的所有零部件进行清洗并将其放于容器内妥善保管，以备检查和测量。

2. 装配

装配过程与拆卸过程正好相反，但要求更高。

1）装配前准备。清洗各零部件，对拆下的零部件进行详细检查，观察泵盖、泵体是否有明显缺陷。

2）装配泵体部分。把主、从动齿轮轴装配进泵体。

3）装配填料、填料压盖和锁紧螺母。

4）组合泵盖与泵体部分。在泵盖与泵体之间放上垫片，合上泵盖，先用圆柱销定位，观察拆卸记号是否对齐，然后再对称旋上螺栓，以保证端面间隙均匀一致。装配时，要经常用手转动齿轮轴，不得有卡阻现象。

5）装配钢珠、钢珠定位圈、弹簧、小垫片和螺塞。

3. 注意事项

1）在拆装过程中，要注意不要碰伤或损坏零部件。

2）在生产实际中，装配完齿轮泵后，检查压力时，要查看各密封处有无渗漏现象。

【安全提醒】

1）实际在检测齿轮泵的过程中，要切断电动机电源，并在电气控制箱上打好"设备检修，严禁合闸"的警告牌；并关闭管路上的吸、排截止阀；将管系及泵内的油液放出，然后拆下吸、排管路。

2）装配过程中不要戴手套，以防手套被齿轮等套住。

3）泵盖从泵体中分离时，要注意扶持，以防零件掉落损坏或者造成人体伤害。

【低碳环保提示】

1）生产实际中，拆卸齿轮泵前要旋开压油口上的螺塞，将泵内及管系的油液放出，然后才可拆下吸、排管路，这样可防止油液泄漏污染环境。

2）装配时，将轴与泵盖之间、齿轮与泵体之间的配合表面涂上润滑油，要注意润滑油的存放。

【知识储备】

机械产品一般由许多零件与部件组成。按规定的技术要求，将若干个零件结合成部件或将若干个零件和部件结合成机器的过程称为装配。

根据装配的需求，把构成机器的最小单元称为零件。两个或两个以上零件结合而成机器的某个部分称为部件。直接进入产品总装的部件也称为组件。能够独立进行装配的部件称为装配单元。最先进入装配的零件称为装配基准件。

一、装配工艺过程

1. 装配前的准备工作

1）研究、熟悉产品装配图及其他工艺文件和技术要求，了解产品结构、各零件的作用以及相互间的连接关系。

2）确定装配方法和顺序，准备所需要的工具。

3）对装配的零件进行清理和清洗，去掉零件上的毛刺、铁锈和切屑。

4）对有些零件还需要进行刮削等修配工作，有些特殊要求的零件还要进行平衡试验和密封性试验等。

2. 装配工作

1）部件装配。将两个或两个以上的零件组合在一起或将零件与几个组件结合在一起，成为一个单元的装配工作，称为部件装配。

2）总装配。将零件和部件结合成为一台完整产品的过程称为总装配。

3. 调整、精度检验和试运行阶段

1）调整。调节零件或机构的相互位置、配合间隙和松紧度等。

2）精度检验。精度检验包括几何精度检验和工作精度检验等。

3）试运行。检验机构或机器运转的灵活性及振动、温升、噪声、转速、功率、密封性等性能是否符合要求。

4. 涂装、装箱

略。

二、装配工作的组织形式

随着生产类型和产品的复杂程度不同，装配工作的组织形式也不同，一般分为固定式装配和移动式装配。

1. 固定式装配

将产品或部件集中安排到一个固定地点进行装配称为固定式装配。这种方式适合于单件生产或小批量生产，装配周期长，占地面积大，并要求工人具有较强的综合装配技能。

2. 移动式装配

在装配过程中，工作对象（部件或组件）有顺序地由一个工人转移到下一个工人的装配组织形式，称为移动式装配。这种方式适合于大批量生产，生产效率高，成本低。

三、装配前的准备工作

1. 装配前零件的清理和清洗

（1）零件的清理　装配前，清除零件上残余的型砂、铁锈、切屑、研磨剂和油污等。

注意：装配后，必须清理装配中因配作、钻孔、攻螺纹等补充加工所产生的切屑；试运行后，必须清理因摩擦而产生的金属微粒和污物。

（2）零件的清洗　常用的清洗液有汽油、煤油、柴油和化学清洗剂等。

工业汽油主要用于清洗油脂、污垢和一般粘附的机械杂质，适用于清洗较精密的零部件。航空汽油用于清洗质量要求较高的零件。煤油和柴油的用途与汽油相似，但清洗能力不及汽油，清洗后干燥较慢，但相对安全。

化学清洗剂又称乳化剂，对油脂和水溶性污垢具有良好的清洗能力。这种清洗剂以水代油，可节约能源、配制简单、稳定耐用、安全环保，如 105 清洗剂、6501 清洗剂，可用于冲洗钢件上以全损耗系统用油为主的油垢和机械杂质。

清洗时要注意以下事项：

1）对于橡胶制品，如密封圈等零件，严禁用汽油清洗，以防橡胶件发胀变形，而应使用清洗剂进行清洗。

2）清洗零件时，可根据其精度的不同，选用棉纱或泡沫塑料擦拭。清洗滚动轴承时不能用棉纱，以防止棉纱进入轴承内，影响轴承的装配质量。

3）零件清洗完后，应等零件自然干后，再进行装配，以防影响装配质量。清洗后的零件不应放置过长时间，防止污物和灰尘再次弄脏零件。

零件的清洗工作，根据需要可分为一次清洗和二次清洗。零件进行一次清洗后，应检查配合表面有无碰伤和划伤，齿轮的齿顶部分和棱角有无毛刺，螺纹有无损坏等。对零件的毛刺和轻微破损的部位可用磨石、刮刀、砂布、细锉刀进行修整。经过检查修整后的零件，再进行二次清洗。

2. 静平衡法与动平衡法

旋转件的不平衡形式可分为静不平衡和动不平衡两类，消除静不平衡和动不平衡的方法分别称为静平衡法和动平衡法。

（1）静平衡法　零件在径向位置上有偏重而产生的不平衡为静不平衡。存在静不平衡的零件只有当它的偏重停留在铅垂线下方时才能静止不动，如图4-2所示。在旋转时，其离心力会使轴产生偏重方向的弯曲，并使机器发生振动。

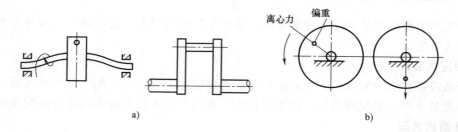

a)　　　　　　　　　　　　　　　　b)

图4-2　零件的静不平衡

静平衡操作是在圆柱形或菱形平衡支架上进行的，如图4-3所示，其步骤如下。

a)　　　　　　　　　b)

图4-3　静平衡支架

a）圆柱形平衡支架　b）菱形平衡支架

1）将待平衡的旋转件装上心轴后，放在平衡支架上。

2）在与记号相对的部位粘贴一质量为 m 的橡皮泥，使 m 对旋转中心产生的力矩恰好等于不平衡量 G 对旋转中心产生的力矩，即 $mr = Gl$，如图4-4所示。

3）去掉橡皮泥，在其所在部位附加相当于 m 的重块（配重法）或在不平衡量处（与 m 相对直径上的对称点处）去除一定质量 G（去重法）。

静平衡法只能平衡旋转件重心的不平衡，无法消除不平衡力矩。因此，静平衡法只适用于长径比比较小（一般长径比小于0.2）或长径比虽大，但转速不太高的旋转件。

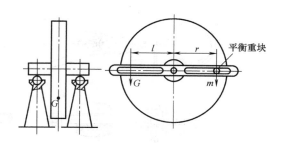

图 4-4　静平衡法

（2）动平衡法　零件在径向各截面上有不平衡量，且由此产生离心力形成不平衡力矩，此时产生的不平衡为动不平衡，如图 4-5 所示。

动平衡操作通常在动平衡机上进行，一般在动平衡前首先进行静平衡。对于长径比较大或转速较高的旋转件，通常都要进行动平衡。

3. 零件的密封性试验

在装配前应进行密封性试验。对于某些要求密封的零件，如机床的液压原件、液压缸、

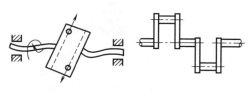

图 4-5　零件的动不平衡

阀体和泵体等，要求在一定压力下不允许漏油、漏气或漏水，就是要求这些零件在一定压力下具有可靠的密封性。

密封性试验有气压法试验和液压法试验两种，如图 4-6 所示。气压法试验适用于承受工作压力较小的零件，液压法试验适用于承受工作压力较大的零件。

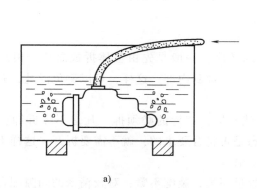

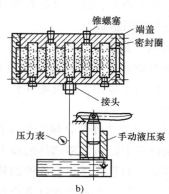

图 4-6　密封性试验

a）气压法试验　b）液压法试验

四、设备拆卸

1. 部分专用拆装工具

如图 4-7 所示，内挡圈尖嘴手钳主要用来拆装内弹簧挡圈；外挡圈尖嘴手钳主要用来拆装外弹簧挡圈；拉键器利用滑力重锤的惯性作用拆卸钩头楔键；拔销器主要用来拉挫带有螺纹的圆锥销；偏心扳手主要用来拆装双头螺柱；拔轮器（又称拉模）主要用来拆卸过盈配

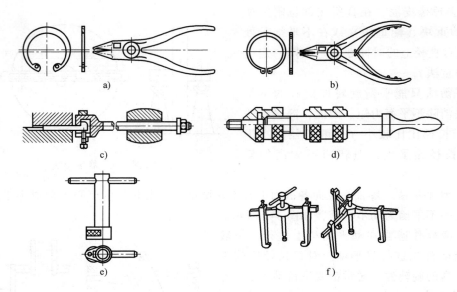

图 4-7　部分专用拆装工具

a）内挡圈尖嘴手钳　b）外挡圈尖嘴手钳　c）拉键器　d）拔销器　e）偏心扳手　f）拔轮器

合件，有两爪、三爪之分。

2. 拆卸前的准备工作

拆卸前应选择好工作地点，不要选在有风沙、尘土的地方。机器进入拆卸地点前，应进行外部清洁，不要让泥土、油污等弄脏地面。在清洁机器外部前，应预先拆下或保护好电气设备，以免受潮损坏；应尽可能在拆卸前放出机器中的润滑油；拆卸前必须熟悉机器各部分的构造，避免盲目拆卸。

3. 拆卸的一般原则

（1）拆卸顺序安排要合理　机器的拆卸顺序，一般是先由整体拆成总成，由总成拆成部件，由部件拆成零件，或由附件到主机、由外部到内部。这样，可以避免混乱，有利于清洗、检查和鉴定。

（2）拆卸对象选择要合理　能不拆的就不拆，该拆的必须拆。凡是不经拆卸就能通过检查设备或检查手段断定零部件的技术状态是否符合要求的，就不需要拆开，这样不但减少了拆卸工作量，而且能延长零部件的使用寿命。

对过盈配合件，拆装次数过多会使过盈量消失，装配不紧；对较精密的间隙配合件，拆后再装，很难恢复已磨合的配合关系，从而加速零件的磨损。对于不拆开难以判断其技术状态且又疑其有故障的，或无法进行必要保养的零部件，则一定要拆开。

（3）拆卸工具选用要合理　拆卸时，应尽量采用专用工具或选用合适的工具和设备，避免乱敲乱打，防止零件损伤或变形。拆卸螺栓或螺母时尽量采用尺寸相符的固定扳手；拆卸轴套、滚动轴承、齿轮、带轮等，应使用拔轮器或压力机。

4. 注意事项

（1）要及时核对或做好拆装记号　机器中有许多配合副，因为经过选配或重量平衡等原因，装配的方向和位置不允许改变。例如：多缸内燃机的活塞连杆组件，都是按重量成组选配的，不允许在拆装后互换，拆装时都做有记号。在拆卸时，应核对原有记号，如已错乱或损坏不清，则应按原来的位置或方向重新标记，以便安装时对号入位。

（2）要分类存放零件　同一总成或同一部件的零件要尽量统一存放；不能互换的零件要成组存放；根据零件的大小与精密程度不同分类存放；螺栓与螺母尽可能成对存放；易丢失的零件要专门存放。

【拓展阅读】

外啮合齿轮泵

齿轮泵是液压系统中常用的液压泵。齿轮泵分类很多，根据其齿轮啮合形式可以分为外啮合齿轮泵和内啮合齿轮泵；根据齿轮齿形曲线可以分为渐开线式和摆线式；根据齿轮的轮齿可以分为直齿、斜齿和人字齿等。

外啮合齿轮泵是常用的液压泵，其工作原理如下。

外啮合齿轮泵泵体内有一对相同模数、相同齿数的齿轮。齿轮靠泵盖密封。泵体、泵盖和齿轮的各齿槽组成了密闭容积。两齿轮沿齿宽方向的啮合线把密闭容积分成吸油腔和压油腔两部分，且在吸油和压油过程中彼此互不相通。

1）吸油过程（图4-8）。当主动齿轮按逆时针方向旋转时，右侧油腔由于轮齿逐渐脱开啮合，密闭容积增大，形成局部真空，油在大气压的作用下，从油箱经过油管被吸到右侧油腔，充满齿槽，并随着齿轮的旋转被带到左侧油腔。

2）压油过程（图4-8）。左侧油腔由于齿轮逐渐进入啮合，密闭容积逐渐减小，齿槽中的油受到挤压，从压油口排出。

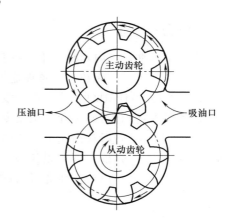

图4-8　外啮合齿轮泵工作原理

【巩固小结】

通过本任务的实施，熟悉外啮合齿轮泵的工作原理及结构特点，根据拆装原则与注意事项能够准确选用拆装工具并进行正确的拆装。

一、填空题

1. 装配前的准备工作有装配前零件的_____、_____和零件的密封性试验。

2. 旋转件的不平衡形式可分为_____和_____两类。

3. 零件的密封性试验有_____和_____两种。

二、判断题

1. 齿轮泵的吸油过程：当主动齿轮按逆时针方向旋转时，右侧油腔轮齿逐渐脱开啮合，密闭容积减小，形成局部真空，右侧油腔吸油。　　　　　　　　　　　　　　（　　　）

2. 密封性试验中，气压法试验适用于承受工作压力较大的零件；液压法试验适用于承受工作压力较小的零件。　　　　　　　　　　　　　　　　　　　　　　　　（　　　）

3. 无论长径比大或小的旋转零件，只需进行静平衡即可保证正常工作。　（　　　）

三、选择题

1. （   ） 主要用于清洗油脂、污垢和一般粘附的机械杂质，清洗能力强，适用于清洗较精密的零部件。

A. 水   B. 工业汽油   C. 柴油   D. 化学清洗剂

2. 密封性试验中的气压法，适用于承受工作压力（   ）的零件。

A. 较小   B. 较大   C. 一般

四、简答题

1. 试述外啮合齿轮泵的工作原理。

2. 拆卸的一般原则是什么？

任务二   THMDZT-1 型装配台变速箱装配

【任务布置】

工、量具准备：内六角扳手、橡胶锤、顶拔器、活扳手、外用卡簧钳、纯铜棒、煤油、无纺布、整理盒等。

设备准备：THMDZT-1 型装配台变速箱（图 4-9）。

任务要求：1）正确装配、调试变速箱，保证其正常工作。

2）滑移齿轮滑动灵活、啮合平稳、转动灵活，其端面轴向错位量≤1mm。

3）能正确使用各类工具，确保安全文明生产。

4）以装配作为考核依据。

学时：3。

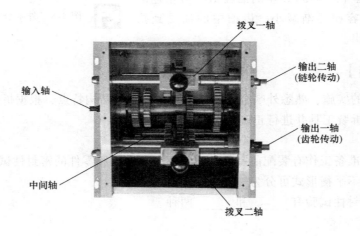

图 4-9   THMDZT-1 型装配台变速箱结构图

【任务评价】

THMDZT-1 型装配台变速箱装配评分标准，见表 4-2。

表 4-2　THMDZT-1 型装配台变速箱装配评分标准

项目	序号	要　求	配分	评分标准	自评	互评	教师评分
装配	1	正确使用装配工具	5	工具使用不正确扣 1~5 分			
	2	装配顺序合理	5	装配顺序不合理扣 1~5 分			
	3	变速箱底板和变速箱箱体连接	10	漏装、错装 1 处扣 3 分，扣完为止			
	4	中间轴装配	15	漏装、错装 1 处扣 3 分，扣完为止			
	5	输入轴装配	10	漏装、错装 1 处扣 3 分，扣完为止			
	6	输出轴装配	15	漏装、错装 1 处扣 3 分，扣完为止			
	7	拨叉轴装配	10	漏装、错装 1 处扣 3 分，扣完为止			
运行和调试	8	各轴转动自如	5	不符合要求视情况扣 1~5 分			
	9	滑块移动自如	5	不符合要求视情况扣 1~5 分			
	10	齿轮传动无异响	5	不符合要求视情况扣 1~5 分			
其他	11	能按时、按要求完成任务	3	不符合要求视情况扣 1~3 分			
	12	遵守纪律、独立完成	5	不符合要求视情况扣 1~5 分			
	13	安全文明生产	5	违者不得分			
	14	场地卫生	2	不合格不得分			
总分			100				

【任务目标】

1）熟悉 THMDZT-1 型装配台变速箱的结构与原理。

2）能正确安装轴承、齿轮轴等零部件。

3）能正确分析试运行时产生的问题及其原因。

【任务分析】

1）操作前准备。根据任务要求选择内六角扳手、橡胶锤、顶拔器、活扳手、外用卡簧钳、纯铜棒、煤油、无纺布、整理盒等。

2）装配过程如图 4-10 所示。

① 中间轴装配。先用内六角螺钉加弹簧垫圈，把变速箱底板和变速箱箱体联接（为了能看清内部结构，图 4-10 中拆掉了前板）。用冲击套筒把深沟球轴承压装到中间轴一端，使中间轴的另一端从变速箱箱体的相应内孔中穿过，在第一个键槽中装上键，安装上齿轮，装好齿轮套筒，再在第二个键槽中装上键并装上齿轮，锁紧两个圆螺母（双螺母锁紧），挤压深沟球轴承的内圈把轴承安装在轴上，最后打上两端的闷盖，闷盖与箱体之间通过测量应增加青稞纸，游动端一端不用测量直接增加 0.3mm 厚的青稞纸。

② 输入轴装配。将两个角接触轴承（按背靠背的装配方法）安装在轴上，中间加轴承内、外圈套筒。安装轴承座套和轴承透盖，轴承座套和轴承透盖之间通过测量应增加厚度最接近的青稞纸。将轴端挡圈固定在轴上，按顺序安装四个齿轮和齿轮中间的齿轮套筒后，锁紧两个圆螺母，将轴承座套固定在箱体上，挤压深沟球轴承的内圈，把轴承安装在轴上，装上轴承闷盖，闷盖与箱体之间应增加 0.3mm 厚度的青稞纸，套上轴承内圈预紧套筒，最后通过调整圆螺母来调整两角接触轴承的预紧力。

③ 输出二轴装配。以同样方法进行输出二轴的装配。

④ 输出一轴装配。以同样方法进行输出一轴的装配。

⑤ 拨叉轴装配。把拨叉安装在滑块上，安装滑块滑动导向轴，装上 $\phi8mm$ 的钢球，放入弹簧，盖上弹簧顶盖，装上滑块拨杆和胶木球，通过调整两滑块拨杆的距离来调整齿轮的错位。

图 4-10　变速箱装配过程

3）拆卸过程与装配过程相反。

【安全提醒】

1）操作时禁止戴手套，长围巾或其他饰物不得悬露。

2）操作时必须穿工作服，长头发的同学必须戴工作帽。

3）装配前必须对零件进行清洗，并去毛刺。

【低碳环保提示】

1）每次拆卸后需要对零件进行清洗，清洗用油要统一装入密封容器内，以便再次利用。

2）清洗用无纺布可以清洗干净下次再用，不可乱扔。

【知识储备】

在很多机械设备中，经常会用到键联结、销联接、螺纹联接、过盈联结等固定连接，也常用到带传动、链传动和齿轮传动等传动机构。

一、键联结

键联结是将轴和轴上零件通过键在圆周方向上固定，以传递转矩的一种装配方法。它具有结构简单、工作可靠和装拆方便等优点，因此在机械制造中获得了广泛应用。根据结构特点和用途不同，键联结可分为松键联结、紧键联结和花键联结三大类。

1. 松键联结

松键联结是靠键的侧面来传递转矩的，对轴上零件进行圆周方向的固定，不能承受进给力，适用高精度、高速或承受变载冲击的场合。松键联结所采用的键有普通平键、半圆键、导向平键和滑键等，如 4-11 所示。

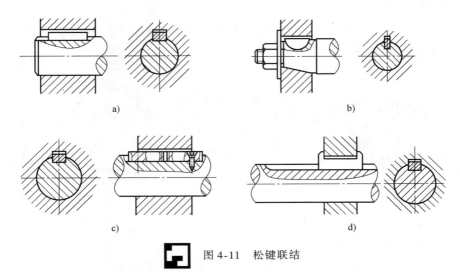

图 4-11　松键联结

a）普通平键联结　b）半圆键联结　c）导向平键联结　d）滑键联结

2. 紧键联结

紧键联结主要指楔键联结。紧键联结适用传递重载荷、冲击载荷及双向传递转矩的场合。如图 4-12 所示，其上表面斜度一般为 1：100。

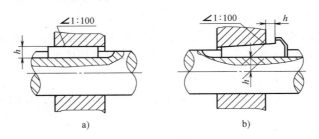

图 4-12　楔键联结

a）普通楔键　b）钩头楔键

3. 花键联结

如图 4-13 所示，花键联结具有承载能力高、传递转矩大、同轴度高和导向性好等优点，适用于大载荷和同轴度要求较高的传动机构中，但制造成本较高。

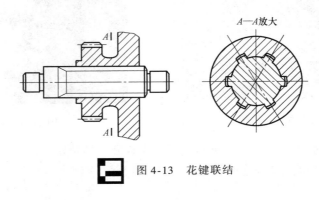

图 4-13　花键联结

二、带传动机构

带传动主要是依靠带与带轮之间的摩擦力来传递动力的。常用的传动带有 V 带、平带和同步带，如图 4-14 所示。

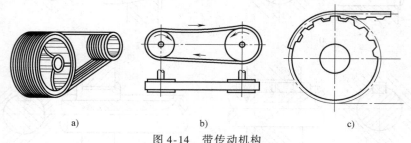

图 4-14　带传动机构
a）V 带传动　b）平带传动　c）同步带传动

1. 带传动机构的装配要点

1）严格控制带轮的安装位置，使带轮在轴上没有过大的歪斜。

2）带轮工作表面粗糙度值要适当，过小带容易脱落，过大则使带磨损过快。

3）两带轮的中间平面应重合，其倾斜角和轴向偏移量不应过大。倾斜角不超过 1°，偏移量小于 2mm。

4）传动带的张紧力要适当，过小带容易脱落，过大则使带磨损过快。

2. 同步带传动机构的装配方法

一般带轮与轴之间采用键或螺纹件等保证轴向固定。装配时，应先清除安装表面上的污物并涂上机油，装上键并用锤子把带轮轻轻敲入，或用螺旋压入工具将带轮压到轴上。带轮装上轴后，要检查带轮的径向和轴向圆跳动。

安装同步带时，应先将其套在大小带轮上，再调整带轮位置，如图 4-15 所示。

三、链传动机构

链传动是通过链条将具有特殊齿形的主动链轮的运动和动力传递到具有特殊齿形的从动链轮的一种传动方式。链传动是啮合传动，平均传动比是准确的。它是利用链与链轮轮齿的啮合来传递动力和运动的机械传动，如图 4-16 所示。

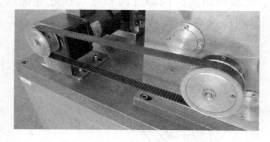

图 4-15　同步带传动机构

图 4-16　链传动

链条长度以链节数来表示。接头处可用弹簧夹或开口销锁紧。

链传动机构的装配要点及方法如下。

1）严格控制链轮的安装位置，使链轮在轴上没有过大的歪斜。

2）两链轮的中间平面应重合，两链轮平面之间的错位量不大于 2mm。

3）传动链的长度要适当，过小使链条链轮磨损加大，过大则会脱链。

4）一般链轮与轴之间采用键或螺纹件等保证轴向固定。装配时，要检查链轮的径向和轴向圆跳动，控制错位量。

四、齿轮传动机构

齿轮传动是利用两齿轮的轮齿相互啮合传递动力和运动的机械传动，具有结构紧凑、效率高、寿命长等特点。齿轮传动按齿轮轴线的相对位置分为平行轴齿轮传动、相交轴齿轮传动和交错轴齿轮传动，如图 4-17 所示；按齿轮的啮合方式可分为外啮合齿轮传动、内啮合齿轮传动，齿轮齿条传动，如图 4-18 所示。

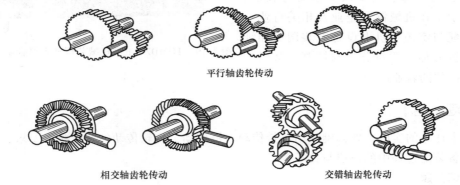

平行轴齿轮传动

相交轴齿轮传动　　　　　　交错轴齿轮传动

图 4-17　齿轮传动按齿轮轴线的相对位置分类

外啮合齿轮传动　　　　内啮合齿轮传动　　　　齿轮齿条传动

图 4-18　齿轮传动按齿轮的啮合方式分类

齿轮传动机构的装配要点如下。

1）齿轮孔与轴的配合要适当，满足使用要求。空套齿轮在轴上不得有晃动现象；滑移齿轮不应有咬死或阻滞现象；固定齿轮不得有偏心或歪斜现象。

2）保证齿轮有准确的安装中心距和适当的齿侧间隙。齿侧间隙指齿轮副非工作面法线方向的距离。齿侧间隙过小，齿轮转动不灵活，热胀时易卡齿，加剧磨损；齿侧间隙过大，则易产生冲击、振动。

3）保证齿面有一定的接触面积和正确的接触位置。

【拓展阅读】

THMDZT-1 型机械装调技术综合实训装置

THMDZT-1 型机械装调技术综合实训装置是浙江天煌教仪依据相关国家职业标准及行业

标准，结合中等职业学校"数控技术及其应用""机械制造技术""模具制造技术""机电设备安装与维修""机电技术应用"等专业的培养目标而研制的实训装置。

THMDZT-1 型机械装调技术综合实训装置主要由实训台、动力源、机械装调对象（机械传动机构、多级变速箱、齿轮减速器、离合器机构、送料机构、二维工作台、间歇回转工作台、压力机机构等）、钳工常用工具和量具等组成，如图 4-19 所示。

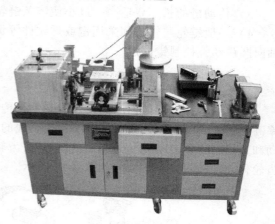

通过实训让学生学会识读与绘制装配图和零件图，掌握钳工基本操作、零部件和机构装配工艺与调整、装配质量检验等技能，从而提高学生在机械制造企业及相关行业一线工艺装配与实施、机电设备安装调试和维护修理、机械加工质量分析与控制、基层生产管理等岗位的就业能力。

图 4-19　THMDZT-1 型机械装调技术综合实训装置

【巩固小结】

通过本任务的实施，熟知键联结、带传动、链传动、齿轮传动的装配技术要求，熟悉典型机械设备装配过程中的技能与技巧等。

一、填空题

1. 键联结可分为＿＿＿＿＿、＿＿＿＿＿和＿＿＿＿＿三大类。

2. 松键联结所采用的键有＿＿＿＿、＿＿＿＿、＿＿＿＿＿、＿＿＿＿等。

3. ＿＿＿＿＿联结具有承载能力高、传递转矩大、同轴度高和导向性好等优点，适用于大载荷和同轴度要求较高的传动机构中，但制造成本较高。

4. 常用的传动带有＿＿＿＿＿、＿＿＿＿＿和＿＿＿＿＿。

二、选择题

1. （　　）是通过链条将具有特殊齿形的主动链轮的运动和动力传递到具有特殊齿形的从动链轮的一种传动方式。

A. 带传动　　　　　　B. 链传动　　　　　　C. 齿轮传动　　　　　　D. 摩擦轮传动

2. （　　）是指将零部件结合成一台完整产品的装配工作。

A. 总装　　　　　B. 部件装配　　　　　C. 试车　　　　　　D. 装配

三、判断题

1. 部件装配是指在进入总装配之前，将两个以上零件或几个组件结合在一起，成为一个单元的装配工作。　　　　　　　　　　　　　　　　　　　　　　　（　　）

2. 试运行是试验机构或机器运转的灵活性及振动、温升、噪声、转速、功率、密封性等参数是否符合要求。　　　　　　　　　　　　　　　　　　　　　　　　（　　）

四、简答题

1. 简述同步带传动机构的装配要点。

2. 简述链传动机构的装配要点。

任务三　SRT-300 机器人装配

【任务布置】

工、量具准备：内六角扳手、耐油橡胶板、铜棒、棉纱、钳工常用工、量具等。

设备准备：SRT-300 机器人（图4-20）。

任务要求：1）熟悉 SRT-300 机器人的结构组成。

　　　　　2）熟练拆卸与安装 SRT-300 机器人的升降、平移和手爪部件。

　　　　　3）以装配作为考核依据。

学时：6。

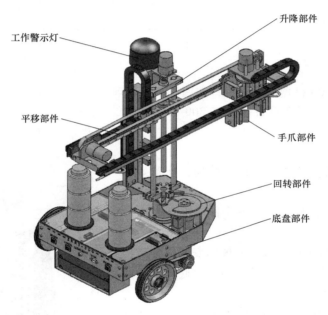

图 4-20　SRT-300 机器人结构图

【任务评价】

SRT-300 机器人装配评分标准，见表4-3。

表 4-3　SRT-300 机器人装配评分标准

项目	序号	要求	配分	评分标准	自评	互评	教师评分
装配	1	正确使用装配工具	10	工具使用不正确扣 1~10 分			
	2	装配顺序合理	15	装配顺序不合理扣 1~15 分			
	3	升降部件装配	15	漏装、错装 1 处扣 3 分，扣完为止			
	4	平移部件装配	15	漏装、错装 1 处扣 3 分，扣完为止			

（续）

项目	序号	要求	配分	评分标准	自评	互评	教师评分
装配	5	手爪部件装配	15	漏装、错装1处扣3分,扣完为止			
试运行和调试	6	升降部件中,丝杠上下移动顺利,无阻塞现象	5	不符合要求视情况扣1~5分			
	7	平移部件中,平行同步带松紧合适,运行过程中无跳动	5	不符合要求视情况扣1~5分			
	8	手爪部件张开、夹紧工作正常	5	不符合要求视情况扣1~5分			
其他	9	能按时、按要求完成任务	3	不符合要求视情况扣1~5分			
	10	遵守纪律、独立完成	5	不符合要求视情况扣1~5分			
	11	安全文明生产	5	违者不得分			
	12	场地卫生	2	不合格不得分			
总分				100			

【任务目标】

1）熟悉 SRT-300 机器人的结构,掌握其工作原理。

2）能使用各种工具正确拆装 SRT-300 机器人。

【任务分析】

1）拆装前准备。预先熟悉设备结构,准备好拆装工具。

2）装配工序。装配前清洗各零件,配合表面涂润滑液。

装配时,先将各零件按部件分解图安装成升降部件、平移部件和手爪部件三部分,最后与底盘部件和回转部件进行总装配。

① 升降部件的装配。根据装配原则,按照部件分解图进行装配,如图4-21所示。

工序一:升降滑块组件的装配。将丝杠2与直线轴承6和铜螺母5配合安装在升降滑块4上装配成升降滑块组件。

工序二:上固定块组件的装配。将推力球轴承9、丝杠铜垫7安装在上固定块8上装配成上固定块组件。

工序三:升降主体组件的装配。通过升降导杆20将上固定块组件、升降滑块组件和下固定块1连接装配成升降主体组件。

工序四:升降电动机组件的装配。将升降电动机13安装在升降电动机支架12上,同时将工作警示灯

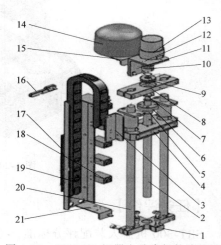

图4-21 SRT-300 机器人升降部件分解图

1—下固定块　2—丝杠　3—升降链固定
4—升降滑块　5—铜螺母　6—直线轴承（2个）
7—丝杠铜垫　8—上固定块　9—推力球轴承
10—轴用弹簧挡圈（10个）　11—弹性联轴器
12—升降电动机支架　13—升降电动机
14—工作警示灯　15—工作警示灯支架
16—升降位置接近开关感应块　17—接线端子排
18—升降位置接近开关（5个）　19—升降拖链
20—升降导杆（2个）　21—升降拖链支架

14 固定在工作警示灯支架 15 上，完成后再将工作警示灯支架与升降电动机支架通过螺钉连接固定，装配成升降电动机组件。

工序五：升降电动机组件与升降主体组件的装配。将升降电动机组件通过弹性联轴器 11 和轴用弹簧挡圈 10 与升降主体组件装配起来。

工序六：升降拖链支架组件的装配。把升降拖链 19、升降位置 5 个接近开关 18、接线端子排 17 分别安装在升降拖链支架 21 上装配成升降拖链支架组件。

工序七：升降部件的装配。将升降位置接近开关感应块 16 安装在升降主体组件中的升降滑块 4 上，然后将升降拖链支架组件中的升降拖链支架 21 两端分别与升降主体组件上的下固定块 1 和上固定块 8 联接固定，完成升降部件的装配。

② 平移部件的装配。根据装配原则，按照平移部件分解图进行装配，如图 4-22 所示。

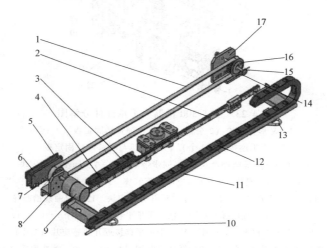

图 4-22　SRT-300 机器人平移部件分解图

1—平移同步带　2—平移直线导轨副　3—过线槽　4—过线槽支架　5—平移部件端子排
6—平移部件端子排安装板　7—平移电动机同步带轮　8—平移电动机座　9—平移电动机
10—平移后端接近开关　11—平移电缆拖链安装支架　12—平移电缆拖链　13—平移前端接近开关
14—平移同步带轮拉垫　15—平移同步带轮转轴　16—平移同步带轮　17—平移同步带轮座

工序一：平移带轮组件的装配。

工步 1：将过线槽支架 4 安装在平移直线导轨副 2 上，用螺钉固定。

工步 2：将平移电动机同步带轮 7 与平移电动机 9 安装在平移电动机座 8 上；将另一端的平移同步带轮 16、平移同步带轮转轴 15、平移同步带轮拉垫 14 安装在平移同步带轮座 17 上。

工步 3：将平移部件端子排安装板 6 固定在平移电动机座 8 上，再将平移部件端子排 5 与平移部件端子排安装板 6 装配在一起。

工步 4：将平移电动机座 8 和平移同步带轮座 17 安装在平移直线导轨副 2 的导轨上，用螺钉固定；并将平移同步带 1 套在平移电动机同步带轮 7 和平移同步带轮 16 上并拉紧。

工序二：平移电缆拖链安装支架组件的装配。将平移电缆拖链 12、平移后端接近开关 10 和平移前端接近开关 13 与平移电缆拖链安装支架 11 装配起来。

工序三：平移部件的装配。将平移电缆拖链安装支架组件中的平移电缆拖链安装支架

11 与平移带轮组件中的平移电动机座 8 和平移同步带轮座 17 用螺钉固定。

③ 手爪部件的装配。根据装配原则，按照手爪部件分解图进行装配，如图 4-23 所示。

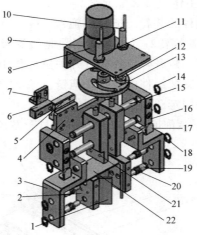

图 4-23　SRT-300 机器人手爪部件分解图

1—V 形夹紧块（2 个）　2—缓冲弹簧销固定板（2 个）

3—手爪连接板（2 个）　4—手爪与平移部件固定板

5—平移直线导轨副滑块　6—同步带下压块　7—同步带上压块

8—手爪电动机　9—手爪电动机安装座　10—夹紧接近开关

11—松开接近开关　12—手爪接近开关感应块　13—双曲线槽凸轮

14—轴用弹性挡圈　15—手爪平移导杆（2 个）

16—手爪平移固定导杆座　17—手爪平移接近开关感应片（2 片）

18—轴用弹性挡圈（4 个）　19—缓冲弹簧销（4 个）　20—缓冲弹簧（4 个）

21—手爪平移滑块　22—手爪限位板

工序一：手爪组件的装配。

工步 1：把 V 形夹紧块 1 用 M2 螺钉固定在缓冲弹簧销固定板 2 上。

工步 2：把手爪平移滑块 21 与手爪连接板 3 用 M3 螺钉连接并在手爪连接板 3 上安装手爪限位板 22。

工步 3：将上述两个组件安装在一起，将缓冲弹簧 20 套入缓冲弹簧销 19 的一端，缓冲弹簧销 19 一端与缓冲弹簧销固定板 2 联接，用 M2 螺钉固定，缓冲弹簧销 19 另一端与手爪连接板 3 连接，用轴用弹性挡圈 18 固定。

工步 4：把手爪平移固定导杆座 16 与手爪平移滑块 21 用手爪平移导杆 15 连接起来，用轴用弹性挡圈 14 固定，并且装上手爪平移接近开关感应片 17。

工步 5：将平移直线导轨副滑块 5、同步带下压块 6、同步带上压块 7 和手爪平移固定导杆座 16 通过螺钉固定在手爪与平移部件固定板 4（其中手爪平移固定导杆座 16 用 M4 螺钉固定，其他为 M2 螺钉固定）上，完成手爪组件的装配。

工序二：手爪电动机组件的装配。把手爪电动机 8、夹紧接近开关 10、松开接近开关 11 固定在手爪电动机安装座 9 上。把手爪接近开关感应块 12 固定在双曲线槽凸轮 13 上，且与手爪电动机 8 用联轴器连接。

工序三：手爪部件装配。将工序一手爪组件中的手爪平移滑块 21 上端的圆柱销插入双曲线槽凸轮 13 的双曲线槽内，最后将手爪电动机安装座 9 与手爪与平移部件固定板 4 用螺钉固定，完成手爪部件的装配。

④ 底盘部件的装配。根据装配原则，按照底盘部件分解图进行装配，如图 4-24 所示。

先依次安装好行走电动机支座 9、行走电动机 10、电池盒 4、同步带轮 8、同步带 5、车轮轴 7、车轮部件 6 和循线传感器 11 等底板 3 下侧的零部件，然后再安装底板 3 上侧的前端上盖板支柱 17、前端上盖板 18 和周围的围边 12 等。

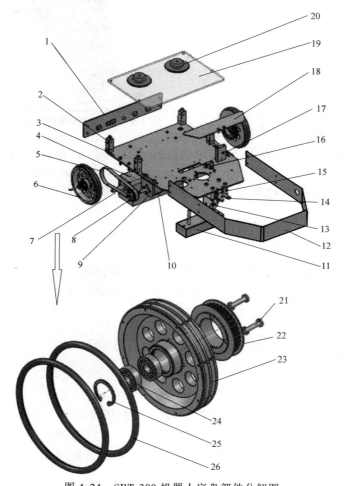

图 4-24　SRT-300 机器人底盘部件分解图

1—操作面板　2—支座　3—底板　4—电池盒　5—同步带
6—车轮部件　7—车轮轴　8—同步带轮　9—行走电动机支座　10—行走电动机
11—循线传感器　12—围边　13—万向轮　14—前端定位块　15—万向轮支柱
16—线束压块　17—前端上盖板支柱　18—前端上盖板　19—上平板　20—圆柱物品定位柱
21—十字槽盘头螺钉　22—车轮同步带轮　23—车轮轮毂　24—深沟球轴承
25—孔用弹性挡圈　26—O 形圈

⑤ 回转部件的装配。根据装配原则，按照回转部件分解图进行装配，如图 4-25 所示。

⑥ 整机的装配。将手爪部件安装在平移部件的平移直线导轨滑块上，用螺钉固定；将

平移部件的平移直线导轨安装至升降部件的升降滑块上；将升降部件安装到回转部件的槽轮上；将回转部件安装在底盘部件上。

3）拆卸工序。拆卸工序与安装工序相反。

【安全提醒】

1）拆装过程中注意正确使用拆装工具，避免乱敲乱打。使用扳手紧固螺钉时，应注意用力，小心扳手滑脱伤人。

2）拆卸重心不稳的机构时要先拆离重心远的螺钉，安装时先装离重心近的螺钉，装拆弹簧时要防止弹簧飞出伤人。

3）拆卸中禁止用手拭摸滑动面、转动部位和螺孔。

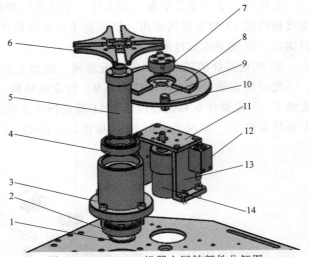

图 4-25　SRT-300 机器人回转部件分解图

1—轴用弹性挡圈　2—深沟球轴承　3—轴座　4—深沟球轴承　5—转轴　6—槽轮　7—拨盘轴套　8—拨盘　9—拨销　10—拨销铜套　11——回转电动机固定板　12—回转接近开关　13—回转电动机固定侧板　14—回转电动机

【低碳环保提示】

1）清洗零件后的清洗液要妥善保管，防止油液泄漏污染环境。

2）安装时，在轴与轴承之间的配合表面要加上适量的润滑油，要注意润滑油的存放。

3）机器人所用废旧电池应妥善回收处理。

【知识储备】

一、销联接

销联接的主要作用是定位、联接或锁紧零件，有时还可以用作安全装置中的过载剪断元件，如图 4-26 所示。

销是一种标准件，形状和尺寸已标准化，材料大多为 35 钢、45 钢。

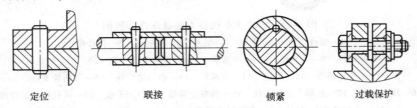

定位　　　　联接　　　　锁紧　　　　过载保护

图 4-26　销联接的作用

1. 圆柱销

圆柱销一般依靠过盈配合固定在孔中，对销孔尺寸、形状，表面质量要求较高，孔壁表

面粗糙度值 Ra 应低于 $1.6\mu m$。为了保证联接质量，被联接件的两孔应同时钻、铰。

圆柱销装配时，应在销表面涂上全损耗系统用油，用铜棒将其轻轻打入；也可用 C 形夹头将销压入销孔，如图 4-27 所示。

由于圆柱销孔经过铰削加工，多次拆装会降低定位精度和联接的紧固性，故圆柱销不宜多次拆装。

2. 圆锥销

圆锥销带有 1:50 的锥度，能自锁，靠推挤进入铰光的销孔中，可多次拆装。圆锥销装配时，两联接件的销孔应一起钻、铰。用 1:50 锥度的铰刀铰孔。铰孔时，用试装法控制孔径，以圆锥销自由地插入全长的 80% ~ 85% 为宜，如图 4-28 所示。然后，用锤子将其敲入，圆锥销的大端可稍微露出，或与被联接件表面平齐。

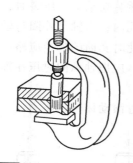

图 4-27 圆柱销装配

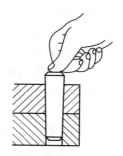

图 4-28 圆锥销装配

拆卸普通圆锥销时，可从小端向外敲出，有螺尾的圆锥销可用螺母旋出，如图 4-29 所示。拆卸内螺纹的圆锥销时，可用拔销器拔出，如图 4-30 所示。

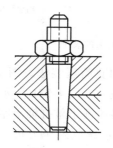

图 4-29 带螺尾圆锥销的拆卸

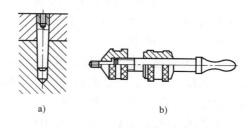

a)　　　　　　　　　b)

图 4-30 带内螺纹圆锥销的拆卸

二、滚动轴承的装配

滚动轴承是将运转的轴与轴承座之间的滑动摩擦变为滚动摩擦，从而减少摩擦损失的一种精密的机械元件。滚动轴承一般由内圈、外圈、滚动体和保持架四部分组成，如图 4-31 所示。内圈的作用是与轴相配合并与轴一起旋转；外圈的作用是与轴承座相配合，起支承作用；滚动体借助于保持架均匀分布在内圈和外圈之间，其形状大小和数量直接影响着滚动轴承的使用性能和寿命；保持架能使滚动体均匀分布，防止滚动体脱落，引导滚动体

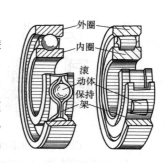

图 4-31 滚动轴承结构图

旋转并起润滑作用。

1. 装配前的准备工作

1）按所要装配的轴承准备好所需的工具和量具。

2）按图样要求检查与轴承相配的零件尺寸是否合格，是否有凹陷、毛刺、锈蚀和固体微粒等，并用煤油等清洗零件，待零件干后涂一层薄油。

3）检查轴承型号与图样是否一致，并清洗轴承。

2. 滚动轴承的装配方法

（1）圆柱孔轴承的装配

1）座圈的安装顺序。根据轴承类型的不同，轴承内、外圈有不同的安装顺序。

① 不可分离型轴承（如深沟球轴承）的装配。应按座圈配合松紧程度决定其安装顺序。当内圈与轴颈配合较紧、外圈与轴承座孔配合较松时，先将轴承装在轴上，压装时，以铜或低碳钢做的套筒垫在轴承内圈上，然后连同轴一起装入轴承座孔内；当轴承外圈与轴承座孔配合较紧、内圈与轴颈配合较松时，应先将轴承压入轴承座，此时套筒的外径应略小于轴承座孔直径；当轴承内圈与轴颈、外圈与轴承座孔都是紧配合时，应把轴承同时压在轴上和轴承座孔中，如图 4-32 所示。

装配时的压力应直接加在待配合的套筒端面上，决不能通过滚动体传递压力。

② 分离型轴承（如圆锥滚子轴承）的装配。因为其外圈可以自由脱开，故装配时可用锤击、压入或热装的方法将内圈和滚动体一起装在轴上，用锤击法或压入法将外圈装在轴承座孔内，然后再调整它们之间的游隙。

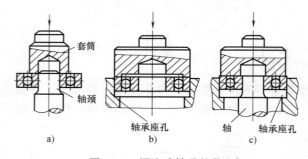

图 4-32　深沟球轴承的装配

2）座圈压装方法的选择。座圈压装方法及所用工具的选择，主要由配合过盈量的大小确定。

① 当配合过盈量较小时，可用锤击法。锤击法分铜棒敲击法和套筒压装法。图 4-33a 所示为套筒压装法，将套筒直接套在轴承的内、外圈端面，将轴承敲入；图 4-33b 所示为用铜棒对称地垫在轴承内、外圈端面上，将轴承均匀地敲入。禁止直接用锤子敲打轴承座圈。

② 当配合过盈量较大时，可用压力机械压装，常用杠杆齿条式或螺旋式压力机，如图 4-34 所示。若压力不能满足，还可以采用液压机装压轴承。

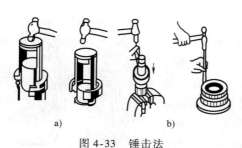

图 4-33　锤击法

a）套筒压装法　b）铜棒敲击法

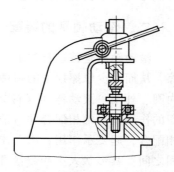

图 4-34　压力机械压装

③ 如果轴颈尺寸较大、过盈量也较大时，为装配方便可用热装法，即将轴承放在温度为 80~100℃的油中加热，然后和常温状态的轴配合。内部充满润滑油脂带防尘盖或密封圈的轴承，不能采用热装法装配。

（2）圆锥孔轴承的装配

1）过盈量较小时可直接装在有锥度的轴颈上，也可以装在紧定套或退卸套的锥面上，如图 4-35 所示。

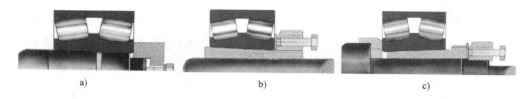

a)　　　　　　　　　　b)　　　　　　　　　　c)

图 4-35　圆锥孔轴承的装配

2）对于轴颈尺寸较大或配合过盈量较大，又需经常拆卸的圆锥孔轴承，常采用液压套合法装拆，如图 4-36 所示。

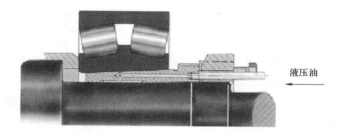

液压油

图 4-36　液压套合法装拆

（3）推力球轴承的装配　推力球轴承有松圈和紧圈之分，装配时要注意区分。松圈的内孔比紧圈的内孔大，与轴颈的配合有间隙，能与轴相对转动。紧圈与轴颈取较紧的配合，与轴相对静止。装配时应使紧圈靠在转动零件的端面上，松圈靠在静止零件的端面上，否则会使滚动体丧失作用，同时会加速紧圈与零件接触面的磨损。

三、滚动轴承的拆卸

如果拆卸后还要重复使用的滚动轴承，拆卸时则不能损坏轴承的配合表面，不能将拆卸的作用力加在滚动体上。

圆柱孔轴承的拆卸，可用压力机，如图 4-37 所示；也可用顶拔器，如图 4-38 所示。

圆锥孔轴承直接装在锥轴轴颈上或装在紧定套上，可拧松锁紧螺母，然后利用软金属棒和锤子向锁紧螺母方向将轴承敲出，如图 4-39 所示。装在退卸套上的轴承，可直接利用退卸套，靠锁紧螺母来拆卸轴承，如图 4-40 所示。

四、滚动轴承的定向装配

1. 装配件误差的检查方法

1）轴承外圈径向圆跳动量的测量。测量时，转动轴承外圈并沿百分表方向压迫轴承外

图 4-37　用压力机拆卸圆柱孔轴承

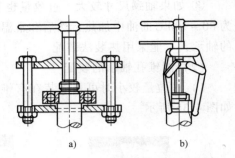

图 4-38　用顶拔器拆卸圆柱孔轴承

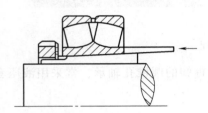

图 4-39　带紧定套轴承的拆卸

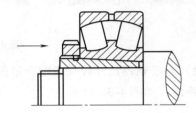

图 4-40　带退卸套轴承的拆卸

圈，百分表的最大变动量则为轴承外圈最大径向圆跳动量，如图 4-41 所示。

2）滚动轴承内圈径向圆跳动量的测量。测量时轴承外圈固定不转，轴承内圈端面上加以均匀的测量负荷 F（不同于滚动轴承实现预紧时的预加负荷），旋转轴承内圈一周以上，便可测得轴承内圈内孔表面的径向圆跳动量及其方向，如图 4-42 所示。

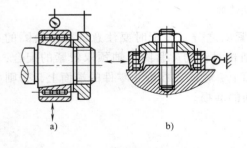

图 4-41　轴承外圈径向圆跳动量的测量

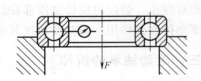

图 4-42　滚动轴承内圈径向圆跳动量的测量

3）主轴锥孔中心线偏差的测量。将主轴置于 V 形架上，在主轴锥孔中插入测量用检验棒，转动主轴一周以上，便可测得锥孔中心线的偏差数值及方向，如图 4-43 所示。

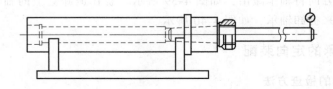

图 4-43　主轴锥孔中心线偏差的测量

2. 滚动轴承定向装配要点

1）主轴前轴承的精度应比后轴承的精度高一级。

2）将前、后两轴承内圈的径向圆跳动量最大的方向置于同一轴向截面内，并位于旋转中心线的同一侧。

3）前、后两轴承内圈的径向圆跳动量最大的方向与主轴锥孔中心线的偏差方向相反。

【拓展阅读】

工业机器人

从广义上来说，除了表演机器人外，其余的机器人都可称为工业机器人。目前，工业机器人主要应用在以下三个方面。

1. 自动化工业领域

早期工业机器人在生产上主要用于机床上下料、定位焊和喷漆。随着柔性自动化的出现，机器人扮演了更重要的角色，如图 4-44 所示。

焊接机器人

搬运机器人

装配机器人

图 4-44 自动化工业机器人

2. 恶劣工作环境场合

所谓恶劣工作环境场合是指对人体健康有害、危及生命或不安全因素很大而不宜于人去工作的场合，此时用工业机器人去工作最适宜，如图 4-45 所示。

3. 特殊作业场合

这个领域对人来说是力所不能及的，只有机器人才能去作业，如图 4-46 所示。

图 4-45 水下机器人

图 4-46 嫦娥三号月球车

随着自动化控制技术的提高，工业机器人呈现以下几个发展趋势：① 机器人的智能化；② 机器人的多机协调化；③ 机器人的标准化；④ 机器人的模块化；⑤ 机器人的微型化。

【巩固小结】

通过本任务的实施，熟知销联接、滚动轴承的装配与拆卸以及滚动轴承定向装配要点，熟悉 SRT-300 机器人的结构特点，能够正确选用拆装工具，掌握拆装方法，正确熟练地拆装 SRT-300 机器人。

一、填空题

1. 销联接的主要作用是_____、_____、_____，有时还作为_____。

2. 滚动轴承主要由_____、_____、_____、_____组成。

3. 装配滚动轴承时的压力应直接加在待配合的套筒端面上，绝不能通过_____传递压力。

4. 滚动轴承内圈与轴颈的配合为_____制；外圈与轴承孔的配合为_____制。

5. 推力球轴承的装配，一定要使紧圈靠在_____零件的平面上，松圈靠在_____零件的平面上。

二、判断题

1. 由于圆柱销孔经过铰削加工，故圆柱销可以多次拆装。   （   ）

2. 拆卸普通圆锥销时，可从任意一端向外敲出。有螺尾的圆锥销可用螺母旋出。拆卸内螺纹的圆锥销时，可用拔销器拔出。   （   ）

3. 钻削圆锥孔时，按圆锥销大头直径尺寸选用钻头。   （   ）

4. 滚动轴承的固定套圈应比转动套圈的配合紧一些。   （   ）

5. 滚动轴承优点多，无论什么情况下，使用滚动轴承均比使用滑动轴承好。 （   ）

三、简答题

1. 滚动轴承装配前的准备工作有哪些？

2. 简述圆柱孔轴承、圆锥孔轴承和推力球轴承的装配方法。

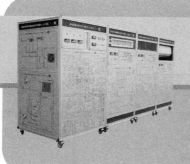

项目五

曲柄折弯机制作

【任务布置】

一、滑块

工、量具准备：常用工具、量具。

备料：10mm×30.5mm×57mm 毛坯 1 块。

任务要求：按要求加工图 5-1 所示工件，"×××"为打印记处（下同）。

学时：3。

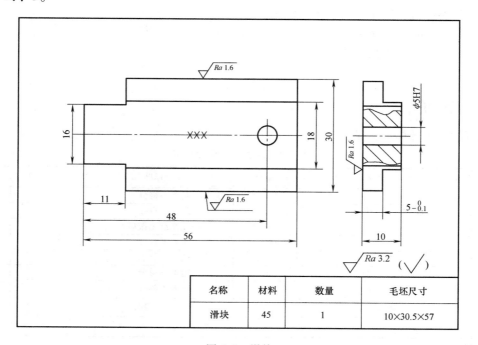

名称	材料	数量	毛坯尺寸
滑块	45	1	10×30.5×57

图 5-1 滑块

【任务评价】

滑块加工评分标准，见表 5-1。

表 5-1　滑块加工评分标准

项目	序号	要求	配分	评分标准	自评	互评	教师评分
滑块	1	外形尺寸 56mm×30mm	5×2	超差不得分			
	2	16mm	5	超差不得分			
	3	11mm(2 处)	5×2	超差不得分			
	4	18mm	5	超差不得分			
	5	$5_{-0.1}^{0}$mm(2 处)	5×2	超差不得分			
	6	表面粗糙度值为 $Ra1.6\mu m$	5×3	超差不得分			
	7	48mm	5	超差不得分			
	8	$\phi5H7$	10	超差不得分			
	9	其他锉削面 $Ra3.2\mu m$	15	超差不得分			
其他	10	安全文明生产	10	违者不得分			
	11	环境卫生	5	不合格不得分			
总分				100			

注：未注公差按 IT12 级。

【任务布置】

二、底板

工、量具准备：常用工具、量具。

备料：10mm×60.5mm×60.5mm 毛坯 1 块。

任务要求：按要求加工图 5-2 所示工件。

学时：1。

【任务评价】

底板加工评分标准，见表 5-2。

表 5-2　底板加工评分标准

项目	序号	要求	配分	评分标准	自评	互评	教师评分
底板	1	外形尺寸 60mm(2 处)	10×2	超差不得分			
	2	2×ϕ5.5mm 孔中心距 30mm	5	超差不得分			
	3	2×ϕ10mm	10×2	锪孔光滑无振痕			
	4	$5.7_{0}^{+0.4}$mm	10×2	超差不得分			
	5	ϕ5.5mm	5×2	孔符合要求			
	6	表面粗糙度值为 $Ra3.2\mu m$	10	超差不得分			
其他	7	安全文明生产	10	违者不得分			
	8	环境卫生	5	不合格不得分			
总分				100			

注：未注公差按 IT12 级。

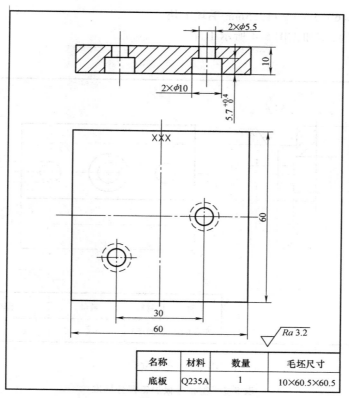

图 5-2 底板

任务二　　左右导板与支承板加工

【任务布置】

一、左右导板

工、量具准备：常用工具、量具。

备料：10mm×20.5mm×45.5mm 毛坯 2 块。

任务要求：按要求加工图 5-3 所示工件。

学时：3。

【任务评价】

左右导板加工评分标准，见表 5-3。

【任务布置】

二、支承板

工、量具准备：常用工具、量具。

备料：10mm×60.5mm×112.5mm 毛坯 1 块。

任务要求：按要求加工图 5-4 所示工件。

学时：1。

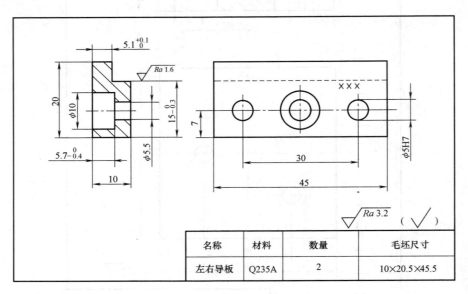

名称	材料	数量	毛坯尺寸
左右导板	Q235A	2	10×20.5×45.5

图 5-3　左右导板

表 5-3　左右导板加工评分标准

项目	序号	要求	配分	评分标准	自评	互评	教师评分
左导板	1	45mm×20mm	3×2	超差不得分			
	2	$5.1^{+0.1}_{0}$ mm	4	超差不得分			
	3	$15^{0}_{-0.3}$ mm	4	超差不得分			
	4	孔距 30mm	3	超差不得分			
	5	7mm（2 处）	3×2	超差不得分			
	6	ϕ10mm 沉孔深度 $5.7^{0}_{-0.4}$ mm	4	超差不得分			
	7	ϕ10mm	3	孔符合要求			
	8	ϕ5H7	3	超差不得分			
右导板	9	45mm×20mm	3×2	超差不得分			
	10	$5.1^{+0.1}_{0}$ mm	4	超差不得分			
	11	$15^{0}_{-0.3}$ mm	4	超差不得分			
	12	孔距 30mm	3	超差不得分			
	13	7mm（2 处）	3×2	超差不得分			
	14	ϕ10mm 沉孔深度 $5.7^{0}_{-0.4}$ mm	4	超差不得分			
	15	ϕ10mm	3	孔符合要求			
	16	ϕ5H7	3	超差不得分			
其他	17	表面粗糙度值为 Ra1.6μm	6	超差不得分			
	18	其他锉削面 Ra3.2μm	12	超差不得分			
	19	安全文明生产	10	违者不得分			
	20	环境卫生	6	不合格不得分			
		总分	100				

注：未注公差按 IT12 级。

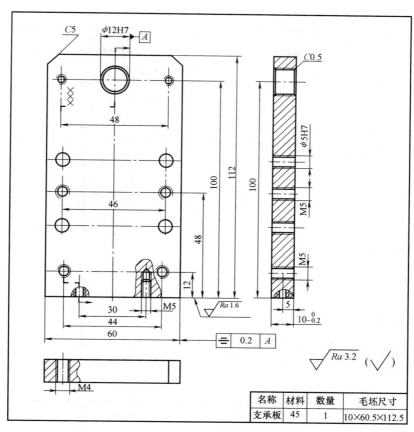

图 5-4　支承板

【任务评价】

支承板加工评分标准，见表 5-4。

表 5-4　支承板加工评分标准

项目	序号	要求	配分	评分标准	自评	互评	教师评分
支承板	1	60mm × 112mm	5 × 2	超差不得分			
	2	φ12H7	5	超差不得分			
	3	φ5H7	2 × 4	超差不得分			
	4	100mm	5	超差不得分			
	5	M5 螺纹	2 × 6	螺纹不完整或乱牙不得分			
	6	M4 螺纹	2 × 2	螺纹不完整或乱牙不得分			
	7	M4 螺纹孔孔距 48mm	5	超差不得分			
	8	M5 螺纹孔孔距 46mm	5	超差不得分			
	9	M5 螺纹孔孔距 44mm	5	超差不得分			
	10	底面 M5 螺纹孔孔距 30mm	5	超差不得分			
	11	▱ 0.2 A	5	超差不得分			
	12	C5	2 × 2	超差不得分			
	13	C0.5	2 × 2	超差不得分			

（续）

项目	序号	要求	配分	评分标准	自评	互评	教师评分
支承板	14	表面粗糙度值为 $Ra1.6\mu m$	2	超差不得分			
	15	其他锉削面 $Ra3.2\mu m$	6	超差不得分			
其他	16	安全文明生产	10	违者不得分			
	17	环境卫生	5	不合格不得分			
总分			100				

注：未注公差按 IT12 级。

任务三　连杆与凹模加工

【任务布置】

一、连杆

工、量具准备：常用工具、量具。

备料：5mm×14.5mm×45mm 毛坯 1 块。

任务要求：按要求加工图 5-5 所示工件。

学时：1。

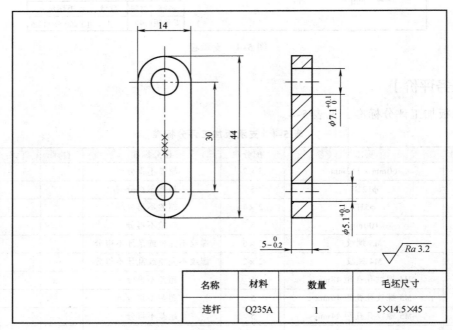

名称	材料	数量	毛坯尺寸
连杆	Q235A	1	5×14.5×45

图 5-5　连杆

【任务评价】

连杆加工评分标准，见表 5-5。

表 5-5　连杆加工评分标准

项目	序号	要求	配分	评分标准	自评	互评	教师评分
连杆	1	外形尺寸 14mm×44mm	5×2	超差不得分			
	2	连杆厚度尺寸 $5_{-0.2}^{0}$mm	10	超差不得分			
	3	$R7$mm 圆弧光滑正确（2 处）	10×2	超差不得分			
	4	孔距 30mm	10	超差不得分			
	5	孔径 $\phi7.1_{0}^{+0.1}$mm	10	超差不得分			
	6	孔径 $\phi5.1_{0}^{+0.1}$mm	10	超差不得分			
	7	锉削面 $Ra3.2\mu m$	3×6	超差不得分			
其他	8	安全文明生产	10	违者不得分			
	9	环境卫生	2	不合格不得分			
总分			100				

注：未注公差按 IT12 级。

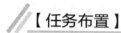【任务布置】

二、凹模

工量具准备：常用工具、量具。

备料：10mm×20.5mm×60.5mm 毛坯 1 块。

任务要求：按要求加工图 5-6 所示工件。

学时：3。

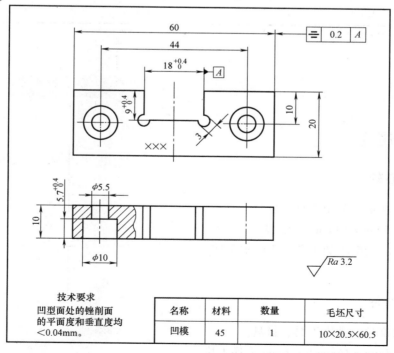

图 5-6　凹模

钳工基本技能训练

【任务评价】

凹模加工评分标准，见表 5-6。

表 5-6　凹模加工评分标准

项目	序号	要求	配分	评分标准	自评	互评	教师评分
凹模	1	60mm×20mm	5×2	超差不得分			
	2	凹槽尺寸 $18^{+0.4}_{0}$mm	5	超差不得分			
	3	凹槽尺寸 $9^{+0.4}_{0}$mm	5	超差不得分			
	4	⟺ 0.2 A	5	超差不得分			
	5	锉削面的平面度误差小于 0.04mm（凹型面 3 处）	5×3	超差不得分			
	6	锉削面的垂直度误差小于 0.04mm（凹型面 3 处）	5×3	超差不得分			
	7	44mm	5	超差不得分			
	8	10mm（孔到边缘距离）	5×2	超差不得分			
	9	ϕ10mm 沉孔深度 $5.7^{+0.4}_{0}$mm	5	超差不得分			
	10	ϕ5.5mm	2	孔符合要求			
	11	锉削面 $Ra3.2\mu m$	8	超差不得分			
其他	12	安全文明生产	10	违者不得分			
	13	环境卫生	5	不合格不得分			
总分				100			

注：未注公差按 IT12 级。

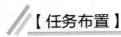 **任务四　其他零件加工**

【任务布置】

一、偏心轮

工、量具准备：常用工具、量具。

备料：ϕ25mm×10mm 毛坯 1 块。

任务要求：按要求加工图 5-7 所示工件。

学时：1。

二、弯曲件

工、量具准备：常用工具、量具。

备料：1.5mm×16mm×116mm 毛坯 1 块。

任务要求：按要求加工图 5-8 所示工件。

学时：1。

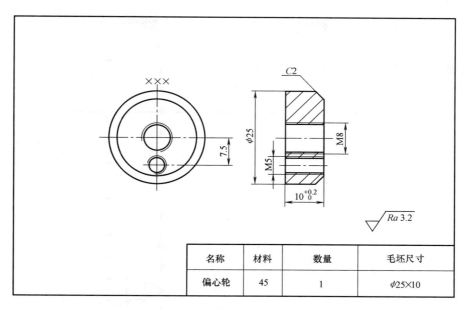

名称	材料	数量	毛坯尺寸
偏心轮	45	1	$\phi25\times10$

图 5-7　偏心轮

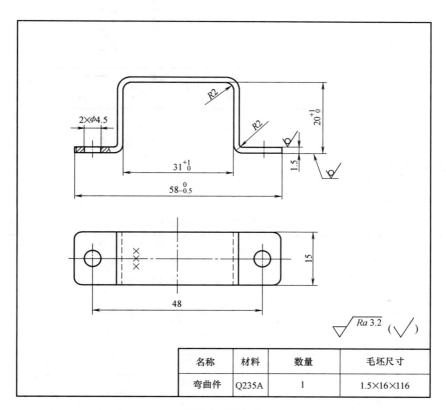

名称	材料	数量	毛坯尺寸
弯曲件	Q235A	1	1.5×16×116

图 5-8　弯曲件

三、手柄

工、量、刃具准备：外圆车刀、车断刀、螺纹车刀、常用量具等。

备料：$\phi35mm \times 55mm$ 毛坯 1 块。

任务要求：按要求加工图 5-9 所示工件。

学时：另计。

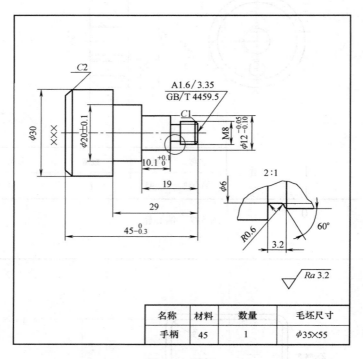

名称	材料	数量	毛坯尺寸
手柄	45	1	$\phi35 \times 55$

图 5-9　手柄

【任务评价】

其他零件加工评分标准，见表 5-7。

表 5-7　其他零件加工评分标准

项目	序号	要求	配分	评分标准	自评	互评	教师评分
偏心轮	1	M5	10	螺纹不完整或乱牙不得分			
	2	M8	10	螺纹不完整或乱牙不得分			
	3	7.5mm	10	超差不得分			
弯曲件	4	$58_{-0.5}^{0}mm$	10	超差不得分			
	5	$31_{0}^{+1}mm$	10	超差不得分			
	6	$20_{0}^{+1}mm$	10	超差不得分			
	7	$R2mm$	2.5×4	超差不得分			
	8	48mm	10	超差不得分			
	9	$\phi4.5mm$	5×2	超差不得分			

（续）

项目	序号	要求	配分	评分标准	自评	互评	教师评分
手柄	10	车削形成		不计入分数			
其他	11	$Ra3.2\mu m$	3	一处不合格扣1分,扣完为止			
	12	安全文明生产	5	违者不得分			
	13	环境卫生	2	不合格不得分			
总分			100				

注：未注公差按 IT12 级。

任务五　曲柄折弯机的装配和调整

【任务布置】

工、量具准备：常用工具、量具。

备料：前四个任务的加工件和圆柱销、螺钉。

任务要求：如图 5-10 所示，装配后件 5 和件 7 的最大间隙不大于 0.2mm，机构正常运转。

学时：2。

【任务评价】

曲柄折弯机的装配和调整评分标准，见表 5-8。

表 5-8　曲柄折弯机的装配和调整评分标准

项目	序号	要求	配分	评分标准	自评	互评	教师评分
装配	1	按图样装配正确无误	5	少装配零件不得分			
	2	平头螺钉 M5×5 紧固到位	5	不紧固到位扣2分			
	3	圆柱螺钉 M5×12 紧固到位	4×4	少紧固、不紧固到位1处扣2分			
	4	圆柱螺钉 M4×6 紧固到位	4×2	少紧固、不紧固到位1处扣2分			
	5	圆柱销装配	16	少装配、不装配到位1处扣2分			
	7	底板和支承板连接后侧边错位量≤0.05mm	5	超差不得分			
	8	滑块与凹模接触位置正确	5	不正确不得分			
	9	上下滑动功能良好,活动自如	15	活动不自如扣5分			
	10	装配后件5和件7的最大间隙不大于0.2mm	5×2	超差不得分			
其他	11	安全文明生产	10	违者不得分			
	12	环境卫生	5	不合格不得分			
总分			100				

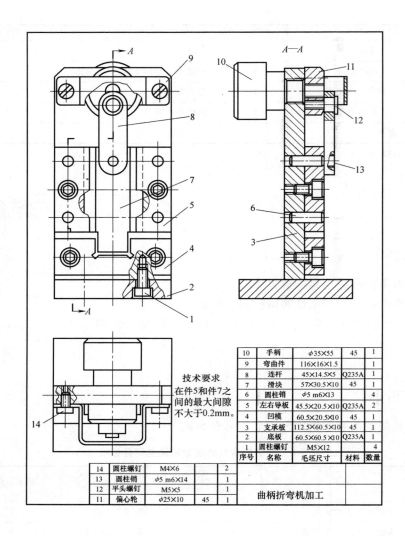

技术要求
在件5和件7之间的最大间隙不大于0.2mm。

10	手柄	φ35×55	45	1
9	弯曲件	116×16×1.5		1
8	连杆	45×14.5×5	Q235A	1
7	滑块	57×30.5×10	45	1
6	圆柱销	φ5 m6×13		4
5	左右导板	45.5×20.5×10	Q235A	2
4	凹模	60.5×20.5×10	45	1
3	支承板	112.5×60.5×10	45	1
2	底板	60.5×60.5×10	Q235A	1
1	圆柱螺钉	M5×12		4
序号	名称	毛坯尺寸	材料	数量

14	圆柱螺钉	M4×6		2
13	圆柱销	φ5 m6×14		1
12	平头螺钉	M5×5		1
11	偏心轮	φ25×10	45	1

曲柄折弯机加工

图 5-10 曲柄折弯机装配图

附录

普通螺纹直径与螺距对照表

公称直径 D、d			螺距 P										
第1系列	第2系列	第3系列	粗牙	细牙									
				3	2	1.5	1.25	1	0.75	0.5	0.35	0.25	0.2
1			0.25										0.2
	1.1		0.25										0.2
1.2			0.25										0.2
	1.4		0.3										0.2
1.6			0.35										0.2
	1.8		0.35										0.2
2			0.4									0.25	
	2.2		0.45									0.25	
2.5			0.45								0.35		
3			0.5								0.35		
	3.5		0.6								0.35		
4			0.7							0.5			
	4.5		0.75							0.5			
5			0.8							0.5			
		5.5								0.5			
6			1						0.75				
	7		1						0.75				
8			1.25					1	0.75				
		9	1.25					1	0.75				
10			1.5				1.25	1	0.75				
		11	1.5			1.5		1	0.75				
12			1.75				1.25	1					
	14		2			1.5	1.25①	1					
		15				1.5		1					
16			2			1.5		1					
		17				1.5		1					
	18		2.5		2	1.5		1					
20			2.5		2	1.5		1					

公称直径 D、d			螺距 P										
第1系列	第2系列	第3系列	粗牙	细牙									
				3	2	1.5	1.25	1	0.75	0.5	0.35	0.25	0.2
	22		2.5		2	1.5		1					
24			3		2	1.5		1					
		25			2	1.5		1					
		26				1.5							
	27		3		2	1.5		1					
		28			2	1.5		1					
30			3.5	(3)	2	1.5		1					
		32			2	1.5							
	33		3.5	(3)	2	1.5							
		35②				1.5							
36			4	3	2	1.5							
		38				1.5							
	39		4	3	2	1.5							

公称直径 D、d			螺距 P						
第1系列	第2系列	第3系列	粗牙	细牙					
				8	6	4	3	2	1.5
		40					3	2	1.5
42			4.5			4	3	2	1.5
	45		4.5			4	3	2	1.5
48			5			4	3	2	1.5
		50					3	2	1.5
	52		5			4	3	2	1.5
		55				4	3	2	1.5
56			5.5			4	3	2	1.5
		58				4	3	2	1.5
	60		5.5			4	3	2	1.5
		62				4	3	2	1.5
64			6			4	3	2	1.5
		65				4	3	2	1.5
	68		6			4	3	2	1.5
		70			6	4	3	2	1.5
72					6	4	3	2	1.5
	75					4	3	2	1.5
		76			6	4	3	2	1.5
		78						2	
80					6	4	3	2	1.5
		82						2	
	85				6	4	3	2	
90					6	4	3	2	
	95				6	4	3	2	
100					6	4	3	2	
	105				6	4	3	2	
110					6	4	3	2	

公称直径 D、d			螺距 P						
第 1 系列	第 2 系列	第 3 系列	粗牙	细牙					
				8	6	4	3	2	1.5
	115				6	4	3	2	
	120				6	4	3	2	
125				8	6	4	3	2	
	130			8	6	4	3	2	
		135			6	4	3	2	
140				8	6	4	3	2	
		145			6	4	3	2	
	150			8	6	4	3	2	
		155			6	4	3		
160				8	6	4	3		
		165			6	4	3		
	170			8	6	4	3		
		175			6	4	3		
180				8	6	4	3		
		185			6	4	3		
	190			8	6	4	3		
		195			6	4	3		
200				8	6	4	3		
		205			6	4	3		
	210			8	6	4	3		
		215			6	4	3		
220				8	6	4	3		
		225			6	4	3		
		230		8	6	4	3		
		235			6	4	3		
	240			8	6	4	3		
		245			6	4	3		
250				8	6	4	3		
		255			6	4			
	260			8	6	4			
		265			6	4			
		270		8	6	4			
		275			6	4			
280				8	6	4			
		285			6	4			
		290		8	6	4			
		295			6	4			
	300			8	6	4			

① 仅用于发动机的火花塞。
② 仅用于轴承的锁紧螺母。

参 考 文 献

[1] 尚根宣. 钳工工艺与技能训练 [M]. 2版. 北京：中国劳动社会保障出版社，2014.

[2] 杨冰，温上樵. 金属加工与实训——钳工实训 [M]. 北京：机械工业出版社，2010.

[3] 潘玉山. 钳工技能项目教程 [M]. 北京：机械工业出版社，2010.

[4] 李书伟. 机修钳工技能训练 [M]. 3版. 北京：中国劳动社会保障出版社，2014.

[5] 徐冬元. 钳工工艺与技能训练 [M]. 3版. 北京：高等教育出版社，2014.

[6] 朱仁盛，陆东明. 钳工实训与考级 [M]. 北京：机械工业出版社，2011.

[7] 蔡海涛，模具钳工工艺学 [M]. 北京：机械工业出版社，2009.

[8] 侯文祥，逯萍. 钳工基本技能训练 [M]. 北京：机械工业出版社，2008.